Gurbhinder Singh
Sandeep Singh
Sanjeev Kumar

Avaliação experimental dos aços AISI 304 e AISI 310 soldados por GMAW

Gurbhinder Singh
Sandeep Singh
Sanjeev Kumar

Avaliação experimental dos aços AISI 304 e AISI 310 soldados por GMAW

ScienciaScripts

Imprint
Any brand names and product names mentioned in this book are subject to trademark, brand or patent protection and are trademarks or registered trademarks of their respective holders. The use of brand names, product names, common names, trade names, product descriptions etc. even without a particular marking in this work is in no way to be construed to mean that such names may be regarded as unrestricted in respect of trademark and brand protection legislation and could thus be used by anyone.

Cover image: www.ingimage.com

This book is a translation from the original published under ISBN 978-620-2-00874-7.

Publisher:
Sciencia Scripts
is a trademark of
Dodo Books Indian Ocean Ltd. and OmniScriptum S.R.L publishing group

120 High Road, East Finchley, London, N2 9ED, United Kingdom
Str. Armeneasca 28/1, office 1, Chisinau MD-2012, Republic of Moldova, Europe
Printed at: see last page
ISBN: 978-620-7-62358-7

ÍNDICE DE CONTEÚDOS

RESUMO

O objetivo desta investigação é **estudar** os parâmetros de influência que afectam as propriedades mecânicas (resistência à tração e microdureza) e as propriedades microestruturais do aço inoxidável austenítico (AISI 304L e AISI 310) com soldadura por arco de metal a gás (GMAW). A investigação foi realizada aplicando os diferentes valores de velocidade do fio e corrente para a experiência, que tem os seguintes parâmetros interessados: corrente de soldadura a (180, 250 e 320) Amps, velocidades do fio de soldadura a (2, 3 e 5) m/min, gás de proteção CO puro$_2$ e tensão de soldadura constante (24 V). O estudo deste trabalho centra-se na análise mecânica e ótica. Um estudo investigou que a resistência à tração da junta de soldadura é no máximo 320,4 N/mm^2 à velocidade do fio 3m/min e 250 Amps de corrente de soldadura. O valor máximo de microdureza da junta de soldadura é de 444,9 Hv à velocidade do fio de 3m/min e 250 Amps de corrente de soldadura. Foi observado a partir da análise SEM que o grão da superfície é ultrafino e a análise EDAX confirma que a alteração da composição química é pequena e a partir da microscopia que a HAZ tem um grão mais fino e uma fase austenítica interdendrítica à velocidade do fio 3m/min e 250 Amps de corrente, o que pode causar uma elevada resistência à tração e microdureza.

Capítulo 1
Introdução

Os aços inoxidáveis austeníticos e os aços de baixa liga possuem uma boa combinação de propriedades mecânicas, formabilidade, capacidade de soldadura e resistência à fissuração por corrosão sob tensão e a outras formas de corrosão [1].

Os aços inoxidáveis austeníticos têm elevada ductilidade, baixa tensão de cedência e resistência à tração relativamente elevada, quando comparados com os aços ao carbono típicos. A composição do aço inoxidável consiste em C- 0,08%, Mn-2,00%, Si-1,00%, Cr-19,0 a 21,0%, Ni-10 a 12%, P-0,45%, S-0,03%, etc. A resistência à tração e o limite de elasticidade são de 515 MPa e 205 MPa, respetivamente [2]. Os aços austeníticos foram desenvolvidos nesta direção, onde as alterações na composição química induzidas pela adição de azoto foram aproveitadas [3].

O aço inoxidável 310 é um aço inoxidável austenítico altamente ligado utilizado em aplicações de alta temperatura. Os elevados teores de crómio e níquel conferem ao aço uma excelente resistência à oxidação, bem como uma elevada resistência a altas temperaturas. O aço 310 é também muito dúctil e tem uma boa capacidade de soldadura, o que permite a sua utilização generalizada em muitas aplicações [4].

A composição do aço inoxidável 304 comprime C-0,04%, Mn-2,0%, Si-0,75%, Cr-17-20%, Ni-8-13%, P-0,35%, S-0,15%, etc. O aço inoxidável 304 é de qualidade normalizada e compreende tipicamente 17-20% de crómio e 8-13% de níquel e os fixadores fabricados a partir deste material apresentam uma excelente resistência à corrosão em todos os ambientes, exceto nos mais severos. As ligas 304 são também resistentes a ácidos orgânicos moderadamente agressivos, como o ácido acético, e a ácidos redutores, como o ácido fosfórico. Os 9 a 11% de níquel contidos nestas ligas 18-8 ajudam a proporcionar resistência a ambientes moderadamente redutores. Os ambientes mais redutores, como os ácidos clorídrico e sulfúrico diluídos em ebulição, revelam-se demasiado agressivos para estes materiais [5].

A temperatura de recristalização do AISI 304 é superior a 900 °C e o tamanho mínimo de grão obtido situa-se no intervalo de 10-30 pm [6].

A soldadura por arco metálico a gás (GMAW) é um processo que funde e une metais aquecendo-os com um arco estabelecido entre um elétrodo de fio de enchimento alimentado continuamente e o metal. O processo é utilizado com proteção de um gás fornecido externamente e sem a aplicação de pressão [7]. O processo GMAW é utilizado para soldar metais como o aço carbono, o aço de baixa liga de alta resistência, o aço inoxidável, o alumínio, o cobre, o titânio e o níquel [8].

Os metais dissimilares (como o 310 e o 304) são amplamente utilizados em diferentes áreas de aplicação, como as centrais eléctricas, o processamento de alimentos e as indústrias químicas. Estes metais dissimilares podem ser unidos através de diferentes processos de soldadura. O aço inoxidável austenítico e o aço de baixa liga possuem uma boa combinação de propriedades mecânicas, formabilidade, capacidade de soldadura e resistência à fissuração por corrosão sob tensão e a outras formas de corrosão [9, 5].

Capítulo 2
Revisão da literatura

2.1 Soldadura por arco metálico a gás

A soldadura por arco metálico a gás (GMAW), também conhecida como soldadura por gás inerte metálico (MIG), é um processo que funde e une metais aquecendo-os com um arco estabelecido entre um elétrodo de fio de enchimento alimentado continuamente e os metais. O processo é utilizado com proteção de um gás fornecido externamente e sem a aplicação de pressão [10]. Embora o conceito básico de GMAW tenha sido introduzido em 1920, não estava disponível comercialmente até 1948. Na fase inicial, foi considerado, fundamentalmente, um processo de eléctrodos metálicos nus de alta densidade de corrente e pequeno diâmetro, utilizando um gás inerte para a proteção do arco. A principal aplicação deste processo era a soldadura de alumínio. Como resultado, o termo MIG (Metal Inert Gas) foi utilizado e ainda é uma referência comum para o processo. Os desenvolvimentos subsequentes do processo incluíram o funcionamento a baixas densidades de corrente e a corrente contínua pulsada, a aplicação a uma gama mais vasta de materiais e a utilização de gases reactivos (particularmente CO) e misturas de gases. Este último desenvolvimento levou à aceitação formal do termo soldadura por arco de metal a gás (GMAW) para o processo, porque são utilizados gases inertes e reactivos [11].

2.2 Fundamentos do processo

Um elétrodo consumível contínuo que é protegido por um gás fornecido externamente é alimentado automaticamente no processo GMAW. O processo é ilustrado na Figura 1.1. Após as definições iniciais do operador, o equipamento permite a autorregulação automática das características eléctricas do arco. Assim, os únicos controlos manuais necessários ao soldador para o funcionamento semi-automático são a velocidade e o sentido de deslocação e o posicionamento da pistola. O comprimento do arco e a corrente (velocidade de alimentação do fio) são mantidos automaticamente com o equipamento e as definições correctas.

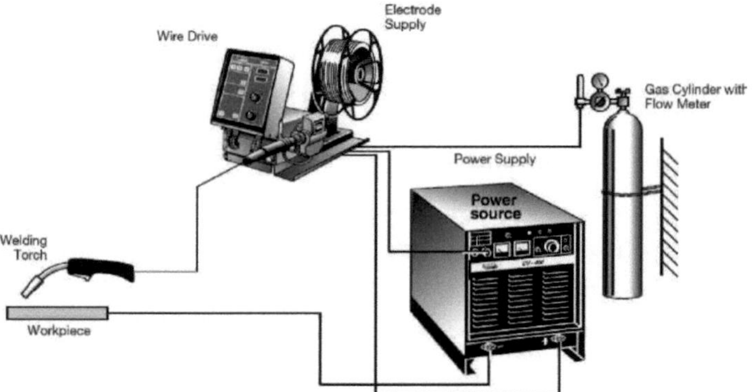

Figura 2.   1Processo de soldadura por arco metálico a gás   [11]

2.3 Variáveis de processo

Seguem-se algumas das variáveis que afectam a penetração da soldadura, a geometria do cordão e a qualidade geral da soldadura:

(1)   Corrente de soldadura (velocidade de alimentação do elétrodo)

(2)   Polaridade

(3)   Tensão do arco (comprimento do arco)

(4)   Velocidade de deslocação

(5)   Extensão do elétrodo

(6)   Orientação dos eléctrodos (ângulo de trajeto ou de chumbo)

(7)   Posição da junta de soldadura

(8)   Diâmetro do elétrodo

(9)   Composição e caudal do gás de proteção

(10)   Mecanismo de transferência de metal

2.3.1 Corrente de soldadura:-

Quando todas as outras variáveis são mantidas constantes, a amperagem de soldadura varia com a velocidade de alimentação do elétrodo ou com a taxa de fusão numa relação não linear. À medida que a velocidade de alimentação do elétrodo varia, a amperagem de soldadura variará da mesma forma se for utilizada uma fonte de energia de tensão constante. Esta relação entre a corrente de soldadura e a velocidade de alimentação do fio para eléctrodos de aço carbono é mostrada na figura 1.2. Nos níveis baixos de corrente para cada tamanho de elétrodo, a curva é quase linear. No entanto, a correntes de soldadura mais elevadas, particularmente com eléctrodos de pequeno diâmetro, as curvas tornam-se não lineares, aumentando progressivamente a uma taxa mais elevada à medida que a amperagem de soldadura aumenta. Isto é atribuído ao aquecimento por resistência da extensão do elétrodo para além do tubo de contacto.

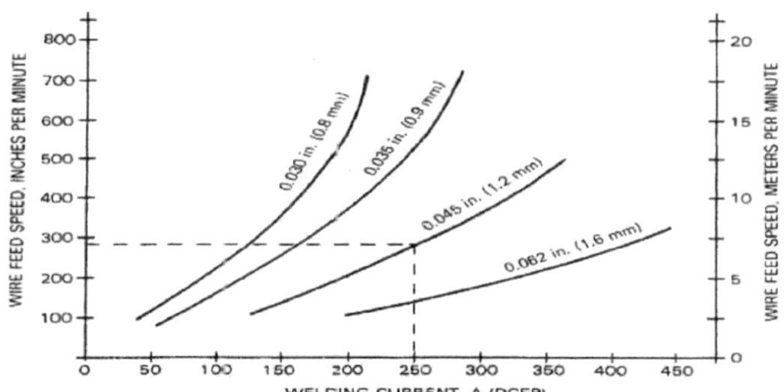

Figura 2.   2Correntes de soldadura típicas versus velocidades de alimentação do fio para eléctrodos de aço carbono. [11]

2.3.2 Polaridade:-

O termo polaridade é utilizado para descrever a ligação eléctrica da pistola de soldadura em relação aos terminais de uma fonte de alimentação de corrente contínua. Quando o cabo de alimentação da pistola está ligado ao terminal positivo, a polaridade é designada como elétrodo de corrente contínua positivo (DCEP), arbitrariamente chamada polaridade inversa. Quando a pistola está ligada ao terminal negativo, a polaridade é designada por elétrodo de corrente contínua negativo (DCEN), originalmente designada por polaridade direta. A grande maioria das aplicações GMAW utiliza elétrodo de corrente contínua positivo (DCEP). Esta condição produz um arco estável, transferência de metal suave, respingos relativamente baixos; boas características do cordão de solda e maior profundidade de penetração para uma ampla gama de correntes de soldadura [11].

2.3.3 Tensão do arco (comprimento do arco):-

A tensão do arco e o comprimento do arco são termos que são frequentemente utilizados como sinónimos. No entanto, deve ser salientado que são diferentes, embora estejam relacionados. No

GMAW, o comprimento do arco é uma variável crítica que deve ser cuidadosamente controlada. Por exemplo, no modo de arco de pulverização com blindagem de árgon, um arco demasiado curto provoca curtos-circuitos momentâneos [12].

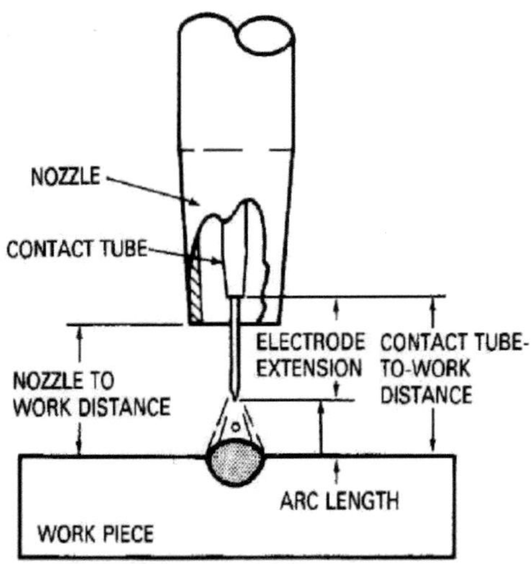

Figura 2.   3Terminologia da   soldadura por arco metálico a gás [12]

2.3.4 Tamanho do elétrodo:-

O tamanho do elétrodo (diâmetro) influencia a configuração do cordão de soldadura. Um elétrodo maior requer uma corrente mínima mais elevada do que um elétrodo mais pequeno para as mesmas características de transferência de metal. Correntes mais altas, por sua vez, produzem fusão adicional do elétrodo e depósitos de solda maiores e mais fluidos. Correntes mais altas também resultam em taxas de deposição mais altas e maior penetração [12].

2.3.5 Gases de proteção:-

A função primária do gás de proteção é excluir a atmosfera do contacto com o metal de solda fundido. Isto é necessário porque a maioria dos metais, quando aquecidos até ao seu ponto de fusão no ar, apresentam uma forte tendência para formar óxidos e, em menor grau, nitretos. . Os produtos de reação formam-se facilmente na atmosfera, a menos que sejam tomadas precauções para excluir o azoto e o oxigénio. Inicialmente, foram utilizados gases de proteção para evitar a contaminação do banho de fusão pelo oxigénio, azoto e humidade do ar, utilizando gases inertes como o árgon e o hélio. No entanto, a proteção do banho de fusão não é o único critério para selecionar um gás de proteção. Factores como a estabilidade do arco, a transferência de metal, a penetração e o perfil do cordão de soldadura, a tendência para a subcotação, a ação de limpeza e a velocidade de soldadura são também influenciados pelo gás de proteção. A secção transversal da soldadura resultante é caracterizada por um padrão de penetração do tipo "dedo de árgon", tal como se mostra na figura 1.5. Com a proteção de hélio puro, por outro lado, é frequentemente observada uma penetração ampla, de tipo parabólico [10].

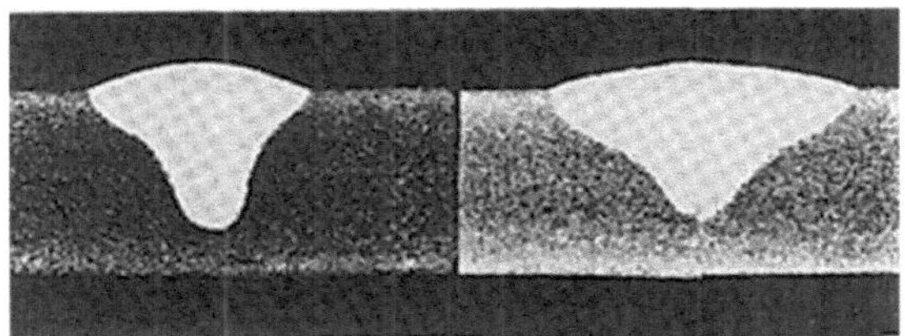

Figura 2.   4Soldaduras por arco de metal a gás com árgon (esquerda) e 75% He-25% Ar (direita) [10]

2.4 Alguns estudos relacionados com a soldadura de aço austenítico por diferentes processos de soldadura

Bregliozzi et.al [13] investigaram as propriedades tribológicas de um aço inoxidável austenítico AISI 304 ultrafino obtido por meio de uma transformação martensítica e subsequente reversão da austenite. Os efeitos do tamanho de grão na resistência ao desgaste deste material são, pela primeira vez, investigados em função da humidade atmosférica. A diminuição da humidade relativa nos ensaios de desgaste do aço AISI 304 produz um aumento da perda de peso e do coeficiente de atrito. É também demonstrado um efeito benéfico da refinação do grão em relação ao aço de grão grande, na medida em que o aço de grão mais fino produz uma menor perda de peso inicial e a perda de peso com um aumento da humidade é também menos pronunciada.

Arivazhagan et.al [14] descreveram o estudo da microestrutura e das propriedades mecânicas de juntas de aço inoxidável AISI 304 e de aço de baixa liga AISI 4140 por soldadura por arco de tungsténio gasoso (GTAW), soldadura por feixe de electrões (EBW) e soldadura por fricção (FRW). Para cada uma das soldaduras, foi efectuada uma análise detalhada da composição das fases, das características da microestrutura e das propriedades mecânicas. Os resultados da análise mostram que a junta feita por EBW tem a maior resistência à tração (681 MPa) do que a junta feita por GTAW (635 MPa) e FRW (494

MPa). A partir da imagem, pode observar-se que a ductilidade da soldadura EBW e GTA foi mais elevada, com um alongamento de 32% e 25%, respetivamente, quando comparada com a soldadura por fricção (19%). Além disso, a resistência ao impacto da soldadura feita por GTAW é mais elevada em comparação com EBW e FRW.

Kursun [15] investigou experimentalmente chapas de aço de médio carbono (AISI 1030) de 10 mm de espessura, que foram soldadas utilizando as técnicas de soldadura sinérgica controlada por impulsos (GMAW-P) e manual por arco de metal a gás (GMAW). Nestas técnicas foram utilizadas velocidade de alimentação do fio, tensão, velocidade de soldadura e caudais de gás constantes (3,2 m/min, 22,5 V, 4 mm/s, 16 l/min) e metal de adição de aço inoxidável austenítico ASP316L. O aspeto da interface das amostras soldadas foi examinado por microscopia ótica (MO), microscopia eletrónica de varrimento (SEM), espetrometria de energia dispersiva (EDS) e difração de raios X (X-RD). A fim de determinar as propriedades mecânicas das amostras, foram efectuados ensaios de tração, impacto e microdureza. As juntas GMAW-P dos casais de aço AISI 1030 apresentaram uma resistência à tração superior, um menor crescimento do grão e uma zona termicamente afetada (ZTA) mais estreita, quando comparadas com as juntas GMAW, o que se deveu principalmente a uma menor entrada de calor, a um grão fino na zona de fusão e a uma maior dureza de fusão.

Yan et.al [16] analisaram que as diferentes combinações de condições de maquinagem têm uma influência significativa nas alterações da microestrutura da superfície maquinada. Para além disso, a ANOVA e a AOM foram utilizadas para determinar as diferentes influências da velocidade de corte, da taxa de avanço e da pastilha de desgaste. A sua investigação experimental sobre o desgaste do aço inoxidável 304. Os resultados indicaram que as diferentes combinações de condições de maquinagem têm uma influência significativa nas alterações da microestrutura da superfície maquinada. Para além disso, a ANOVA e a AOM foram utilizadas para determinar as diferentes influências da velocidade de corte, da taxa de avanço e da pastilha de desgaste.

Lozano et.al [17] descreveu que vários gases de proteção sobre as características de fusão de GMAW usando fios sólidos de aços inoxidáveis austeníticos é avaliado neste trabalho. As soldaduras de cordões em chapa são realizadas em chapas de aço AISI 304 utilizando fio de soldadura ER 308LSi de acordo com a norma AWS A5.9 e os seguintes gases de proteção: Ar, Ar-O2, Ar-CO2, Ar-He-CO2, He-Ar-CO2, Ar-CO2-NO, Ar-NO, Ar- He-H2, Ar-He. Para estas misturas gasosas, a estabilidade e a geometria da soldadura são avaliadas, determinando a profundidade de penetração, a altura do reforço do cordão, a largura do cordão, o ângulo de molhagem, o ângulo de fusão, a área de fusão total, a área de fusão da placa e a diluição. É efectuada uma análise comparativa dos resultados obtidos com as diferentes misturas de gases.

Kaewkuekool e Amornsin [18] propuseram-se estudar os parâmetros que afectam as propriedades mecânicas da soldadura dissimilar entre o aço inoxidável (AISI 304) e o aço de baixo carbono, utilizando a técnica de soldadura por arco de metal a gás. Os factores utilizados neste estudo foram o metal de adição, a velocidade e a corrente e cada fator foi definido em três níveis na experiência. A experiência foi realizada utilizando um desenho fatorial para descobrir a relação entre os factores que podem ser afectados pela propriedade mecânica na resistência à tração e no alongamento. Após a realização da experiência, os dados foram recolhidos utilizando a máquina de ensaios de tração. Os resultados mostraram que os efeitos da interação entre o metal de adição, a velocidade e os factores de corrente foram significativamente diferentes na resistência à tração e no alongamento finais ao nível de 0,01. Pode concluir-se que a alteração do nível dos factores afectaria a propriedade mecânica da soldadura dissimilar entre o aço inoxidável (AISI 304) e o aço de baixo carbono.

Singla et.al [19] investigaram experimentalmente o estudo da otimização de vários parâmetros de soldadura por arco metálico a gás, incluindo a tensão de soldadura, a corrente de soldadura, a velocidade de soldadura e a distância entre o bocal e a chapa (NPD), desenvolvendo um modelo matemático para a área de depósito de soldadura de uma amostra de aço macio. Foi aplicada uma abordagem de design fatorial para encontrar a relação entre os vários parâmetros do processo e a área de depósito de soldadura. O estudo revelou que a tensão de soldadura e a NPD variam diretamente com a área de depósito de soldadura e que é encontrada uma relação inversa entre a corrente e a velocidade de soldadura e a área de depósito de soldadura.

Messer et.al [20] descrevem que os aços inoxidáveis duplex têm um historial extenso e bem sucedido numa grande variedade de ambientes corrosivos e erosivos até 315°C (600°F), ao mesmo tempo que proporcionam uma elevada imunidade à fissuração por corrosão sob tensão (SCC). Este documento oferece directrizes práticas de soldadura a novos fabricantes que pretendam obter soldaduras de aço inoxidável robustas e de alta qualidade, complementando a API 938C,. "Utilização de aços duplex na indústria de refinação de petróleo". A discussão inclui a importância do equilíbrio entre a ferrite e a austenite, a redução da formação de fases intermetálicas e não metálicas prejudiciais, a medição do teor de ferrite e os parâmetros de soldadura sugeridos. O equilíbrio de fases recomendado para o DSS e o SDSS deve conter 40-60% de ferrite no metal de base e 35-60% de ferrite no metal de soldadura. Deve ser dada especial atenção à ZTA estreita. É essencial ter uma microestrutura descontínua de grão fino de ferrite e austenite na região estreita. O DSS apresenta um comportamento de precipitação bastante complexo devido à elevada quantidade de elementos de liga. A formação de carbonetos, nitretos e fases intermetálicas, que podem ser prejudiciais, começará a formar-se em curtos períodos de tempo à med da que o arrefecimento prossegue para temperaturas mais baixas na gama de 475-955°C (887-1750°F). Por este motivo, o DSS não deve ser utilizado a temperaturas superiores a 300°C (570°F). As directrizes complementam a API 938C e fornecem recomendações para o desenvolvimento de WPS e PQR para alcançar um equilíbrio ótimo entre ferrite e austenite durante a soldadura.

Ates [21] apresenta uma nova técnica baseada em redes neuronais artificiais (RNA) para a previsão de parâmetros de soldadura por arco de metal a gás. Os parâmetros de entrada do modelo consistem em misturas de gases, enquanto que as saídas do modelo ANN incluem propriedades mecânicas como a resistência à tração, a resistência ao impacto, o alongamento e a dureza do metal de solda, respetivamente. O controlador ANN foi treinado com o algoritmo de aprendizagem deltabar delta alargado. Os dados medidos e calculados foram simulados por um programa informático. Os resultados mostraram que os resultados do cálculo estavam em boa concordância com os dados medidos, indicando que a nova técnica apresentada neste trabalho mostra o bom desempenho do modelo ANN.

Thao et.al [22] prevêem que a geometria óptima do cordão de soldadura é um aspeto importante no processo de soldadura robotizada. Por conseguinte, é necessário desenvolver modelos matemáticos que prevejam e controlem a geometria do cordão de soldadura. Este artigo centra-se na investigação do desenvolvimento de um modelo de interação simples e preciso para a previsão da geometria do cordão de soldadura para juntas sobrepostas no processo de soldadura robotizada por arco metálico a gás (GMA). O ajuste e as capacidades de previsão dos modelos de interação são mais fiáveis do que os modelos lineares e curvilíneos. Verificou-se que a tensão de soldadura, a corrente do arco, a velocidade de soldadura e a interação bidirecional do ângulo de soldadura CTWD têm os maiores efeitos significativos na geometria do cordão.

Zandrahimi et.al [23] descreveram o comportamento de desgaste do aço inoxidável austenítico, durante os contactos de deslizamento. Foi utilizado um tribómetro pin-on-disk para realizar ensaios de desgaste e, para além do desgaste, foram investigadas as alterações estruturais do aço inoxidável AISI 304 em condições de desgaste. O microscópio eletrónico de varrimento (SEM) e a análise de difração de raios X foram utilizados para estudar as alterações estruturais durante o processo de desgaste. O estudo das superfícies desgastadas indicou que, dependendo da condição de desgaste e da carga aplicada, estavam envolvidas diferentes características de desgaste e que, durante o desgaste, a austenite se transformava em martenite. A intensidade dos picos da zona marten no padrão de raios X depende da magnitude da carga aplicada.

Fuentes et.al [24] investigaram experimentalmente o estudo dos mecanismos de surgimento e propagação de trincas por fadiga causadas por flutuações de tensões mecânicas em aços dissimilares através de GMAW com argônio como gás protetor e ASTM A240 (E308L) como material fornecedor, sem tratamento térmico pré e pós-soldagem. As amostras foram avaliadas através de microscopia ótica e eletrónica de varrimento e inspeccionadas por ensaios não destrutivos com líquidos penetrantes e ultra-sons, para eliminação de defeitos superficiais e internos. Foram realizados os seguintes ensaios mecânicos: perfil de microdureza Vickers, tração, impacto Charpy, flexão guiada, fadiga axial e velocidade de propagação de trincas por fadiga. O fenómeno de iniciação e crescimento de fissuras foi caracterizado a partir de provetes pré-fissurados, utilizando a curva do tamanho da fissura vs. o número de ciclos de fadiga, e a curva da taxa de crescimento de fissuras, vs. a variação do fator de intensidade de tensão. Os resultados mostraram um comportamento mecânico adequado do aço sob cargas cíclicas, apesar de apresentar valores elevados de microdureza, principalmente na linha de fusão entre a soldadura e o aço inoxidável 304L, bem como inclusões entre o aço estrutural e o inoxidável.

Tewari et.al [25] investigaram experimentalmente o efeito de vários parâmetros de soldadura na capacidade de soldadura de espécimes de aço macio com dimensões de 50 mm* 40 mmx 6 mm soldadas por soldadura por arco metálico. A corrente de soldadura, a tensão do arco, a velocidade de soldadura e a taxa de entrada de calor foram escolhidas como parâmetros de soldadura. A profundidade das penetrações foi medida para cada espécime após a operação de soldadura em junta de topo fechada e os efeitos da velocidade de soldadura e dos parâmetros da taxa de entrada de calor na profundidade da penetração foram investigados. Os resultados mostram que o aumento da velocidade de deslocação e a manutenção da tensão e da corrente do arco constantes aumentam a penetração até se atingir uma velocidade óptima em que a penetração é máxima. O aumento da velocidade para além deste valor ótimo resultará numa diminuição da penetração.

Karadeniz et.al [26] investigaram experimentalmente que o aumento da corrente de soldadura aumenta a profundidade de penetração. Para além disso, a tensão do arco é outro parâmetro na incriminação da penetração. No entanto, o seu efeito não é tão grande como o da corrente.

Zielinka et.al [27] concluíram experimentalmente que o gás de proteção tem uma forte influência na estabilidade do arco e no modo de transferência de metal do processo de soldadura. Em particular, o aumento da percentagem de dióxido de carbono no árgon induz o aumento do valor da corrente de transição do modo de transferência de metal globular para o modo de transferência de metal por pulverização. Este trabalho mostra que estes efeitos estão relacionados com as modificações químicas e microestruturais da ponta do ânodo durante o processo de soldadura por arco de metal gasoso. A microestrutura do ânodo é investigada em várias condições experimentais. A transição entre os dois modos de transferência está ligada à existência e ao desaparecimento de uma "ganga" de óxido bastante isolante na extremidade do fio, cuja natureza depende do gás de proteção. As reacções químicas a alta temperatura, tais como as reacções de oxidação-redução entre o gás de proteção e o metal fundido, regem a transição do modo de transferência spray-arc para o modo de transferência globular.

Ghazvinloo1 et.al [28] investigaram o efeito da tensão do arco, da corrente de soldadura e da velocidade de soldadura na vida à fadiga, na energia de impacto e na penetração do cordão de soldadura de juntas AA6061 produzidas por soldadura MIG robotizada. A maior penetração que observámos foi na velocidade de soldadura de 60 cm/min.

Lozano et.al [29] avaliaram a influência de vários gases de proteção nas características de fusão da soldadura GMAW utilizando fios sólidos de aços inoxidáveis austeníticos. As soldaduras de cordões em chapa são realizadas em chapas de aço AISI 304 utilizando fio de soldadura ER 308LSi de acordo com a norma AWS A5.9 e os seguintes gases de proteção: Ar, Ar-O_2, Ar-CO_2, Ar-He-CO_2, He-Ar-CO_2, Ar-CO_2-NO, Ar-NO, Ar-He-H_2, Ar-He. Para estas misturas de gases, a estabilidade e a geometria da soldadura são avaliadas, determinando a profundidade de penetração, a altura do reforço do cordão, a largura do cordão, o ângulo de humedecimento, o ângulo de fusão, a área de fusão total, a área de fusão da placa e a diluição. Uma análise comparativa dos resultados obtidos com as diferentes misturas de gases permitiu concluir que o cordão mais largo e a penetração mais profunda foram obtidos com as misturas de gases "C" e "G", $Ar+55\%He+2\%CO_2$ e $Ar+5\%He$, respetivamente. Gases à base de árgon com baixo teor de CO_2 : " $Ar:97.\%+NO:0._{03}+CO_2:2$" e " $Ar:_{98}+CO_2:2$" com e sem NO, respetivamente, mostraram a maior altura de reforço do cordão. Ao aumentar o ângulo de fusão e a penetração, obteve-se um cordão com melhor forma. Neste sentido, as misturas de gases $Ar:43\% + He:55\% + CO_2:2\%$", $Ar:96\% + CO_2:3\% + H_2:1\%$", e "$Ar:97,97\% + NO:0,03\% + CO_2:2\%$" apresentaram os melhores resultados. A melhor forma do cordão, com uma baixa altura de reforço e uma maior largura, juntamente com uma penetração mais profunda e uma elevada diluição, foi obtida com o gás " $Ar:43\%+He:55\%+CO_2:2\%$" que tem um elevado teor de hélio. A adição de O_2 e CO_2 ao árgon produz melhores resultados do que o árgon puro. No entanto, não foram alcançados valores equivalentes aos obtidos com gases com elevado teor de hélio. No que diz respeito às características de fusão, pequenas quantidades de NO adicionadas à mistura Ar-CO_2 e ao árgon puro parecem melhorar o perfil do cordão de soldadura.

Neste estudo, Ghosh et.al [30] analisaram o efeito das variáveis de entrada, isto é, a corrente, a tensão e a velocidade de deslocação, sobre os parâmetros do cordão de soldadura em SAW, tendo os resultados mostrado que a velocidade de deslocação tem um efeito negativo sobre os três parâmetros do cordão. Um aumento da velocidade de deslocação reduz substancialmente a entrada de calor, resultando numa taxa de queima mais baixa. Esta taxa de queima reduzida diminui a deposição de metal na junta de soldadura, baixando assim todos os parâmetros do cordão. Verifica-se que a penetração aumenta com o aumento da corrente, a altura do reforço também aumenta marginalmente com o aumento da corrente, mas a largura diminui, ou seja, tem um efeito negativo. De um modo geral, observa-se que, à medida que a tensão do arco aumenta, o cordão de soldadura torna-se mais largo e mais plano e a penetração diminui, o que significa que existem interacções entre os parâmetros de entrada e os parâmetros de saída. Finalmente, foi desenvolvido um modelo de computação flexível em C com a ajuda de uma rede neural. Começamos por alimentar os nossos valores experimentais reais, que incluem entradas e saídas. E, com base nesses valores, o modelo é treinado.

Sathiya et.al [31] investigaram experimentalmente o estudo da otimização de vários parâmetros de soldadura por arco metálico a gás, incluindo a tensão de soldadura, a corrente de soldadura a velocidade de soldadura e a distância entre o bocal e a chapa (NPD), desenvolvendo um modelo matemático para a área de depósito de soldadura de uma amostra de aço macio. Foi aplicada uma abordagem de design fatorial para encontrar a relação entre os vários parâmetros do processo e a área de depósito de soldadura. O estudo revelou que a tensão de soldadura e a NPD variam diretamente com a área de depósito de soldadura e que é encontrada uma relação inversa entre a corrente e a velocidade de soldadura e a área de depósito de soldadura.

Ericsson e Sandstorm [32] investigaram que a resistência à fadiga das soldaduras por fricção (FS) é influenciada pela velocidade de soldadura, e também para comparar os resultados de fadiga com os resultados dos métodos convencionais de soldadura por arco; MIG-pulso e TIG. Utilizaram a liga Al-Mg-Si 6082 e foi soldada por Friction stir nas condições de têmpera T6 e T4, e soldada por MIG-Pulse e TIG em T6. De acordo com os resultados, a velocidade de soldadura na gama testada, reprimindo a velocidade de soldadura comercial baixa e alta, não tem grande influência nas propriedades mecânicas e de fadiga das soldaduras FS. No entanto, a uma velocidade de soldadura significativamente mais baixa, o desempenho à fadiga foi melhorado, possivelmente devido ao aumento da quantidade de calor fornecida à soldadura por unidade de comprimento. As soldaduras MIG-Pulse e TIG apresentaram menor resistência estática e dinâmica do que as soldaduras FS. As soldaduras TIG tiveram um melhor desempenho à fadiga do que as soldaduras MIG - Pulso.

2.5 Formulação do problema

I Concluiu-se, após a revisão crítica de investigações anteriores, que foi efectuado um trabalho limitado com o aço A1S1-304L e A1S1-310, utilizando os parâmetros de soldadura tensão, corrente e velocidade de soldadura para vários parâmetros de saída para o processo de soldadura GMAW para avaliar as propriedades mecânicas (resistência à tração e microdureza) e a sua microestrutura/investigação ótica (SEM, EDAX) da junta de soldadura para o tubo da caldeira e a placa deflectora, que são utilizados em aplicações de alta temperatura. Assim, os aços austeníticos A1S1-304L e A1S1-310 são seleccionados como material de base para soldar por GMAW e o CO_2 é utilizado como gás de proteção porque proporciona uma penetração profunda.

2.6 Objetivo do estudo

Neste estudo, a soldadura topo a topo GMAW do aço inoxidável A1S1-304L e A1S1-310 é efectuada utilizando CO_2 como gás de proteção. A velocidade do fio de soldadura e a corrente de soldadura são seleccionadas como variáveis do processo, enquanto a tensão do arco e o processo do gás de proteção são fixos.

Os objectivos do estudo são resumidos da seguinte forma

1. O efeito da velocidade de soldadura e da corrente na resistência da junta de soldadura.

2. O efeito da velocidade e da corrente de soldadura na resistência à tração...

3. Microdureza em diferentes pontos.

4. Microestrutura/Investigação ótica

    (a) SEM

    (b) EDAX

Capítulo 3

Experimentação e testes

3.1 Materiais utilizados:-

A composição química dos metais de base, do metal de adição e do gás de proteção utilizados nas experiências é apresentada a seguir. Estes materiais (AISI-304L e AISI-310) foram seleccionados porque resistem a altas temperaturas e pressões e as suas propriedades (mecânicas e químicas) não se alteram, devido ao facto de estes materiais serem amplamente utilizados nas indústrias de produção de energia.

3.1.1 Metais de base:-

Provavelmente, o fator mais importante relacionado com a capacidade de soldadura dos aços é a sua composição química. "O termo aptidão para soldar não tem um significado universalmente aceite e a interpretação dada ao termo varia muito de acordo com o ponto de vista individual. A American Welding Society define a soldabilidade como a capacidade de um metal ser soldado sob as condições de fabrico impostas, numa estrutura específica e adequadamente concebida, e ter um desempenho satisfatório no serviço pretendido. Ghosh [33].

Durante as experiências, o espécime de AISI 304L e AISI 310 foi utilizado como barra, com as dimensões de 1,5 cm de diâmetro e 8 cm de comprimento. A composição química das ligas AISI-304L e AISI-310 foi testada no espetrómetro modelo Baird DV-6, fabricado nos EUA.

Tabela 3.1: Composição química de AISI -304L e AISI-310

Steel	C	Mn	Si	Cr	Ni	P	S
304L	0.060	1.20	0.335	18.26	8.13	0.027	0.005
310	0.047	1.75	0.383	25.75	18.28	0.039	0.025

Fig. 3.5Imagem   do espetrómetro

3.1.2 Material do fio de soldadura:-

A maior parte da soldadura por arco é feita com a adição de um metal de adição que desempenha um papel importante na determinação da composição e da microestrutura da soldadura. Para a união de aços de baixo carbono e baixa liga, são normalmente escolhidos metais de adição de baixo carbono e baixa liga. Contêm menos de 0,2% de carbono e normalmente têm manganês, silício, níquel, crómio, vanádio e molibdénio em várias quantidades, totalizando normalmente menos de 5%. Podem também ter elementos de impureza como fósforo, enxofre, oxigénio e azoto [36].

A seleção do fio de soldadura (ou do metal de adição) é feita de acordo com a AWS [11]. AISI 304L com revestimento de cobre que especifica os requisitos para a classificação de eléctrodos de arame para soldadura por arco com proteção gasosa de aços não ligados e de grão fino. A sua composição é dada na Tabela 3.1.

3.1.3 Gás de proteção:-

A principal função do gás de proteção é deslocar o ar na zona de soldadura e, assim, evitar a contaminação do metal de solda por azoto, oxigénio e vapor de água. A seleção do melhor gás de proteção baseia-se na consideração do material a ser soldado e no tipo de transferência de metal que será utilizado. Assim, 100% Co2 considerado como um gás de proteção é selecionado para as experiências.

3.1.4 Instalação experimental

2A configuração utilizada durante as experiências inclui regulador de gás de proteção, cilindro de gás de proteção, aquecedor de CO2, máquina de soldar, tocha de soldadura GMAW A Figura 1.15 (a),(b),(c),(d) e(e) mostra a máquina de soldar, o regulador de gás de proteção e o aquecedor de CO2, a tocha de soldadura GMAW, o cilindro de gás de proteção.

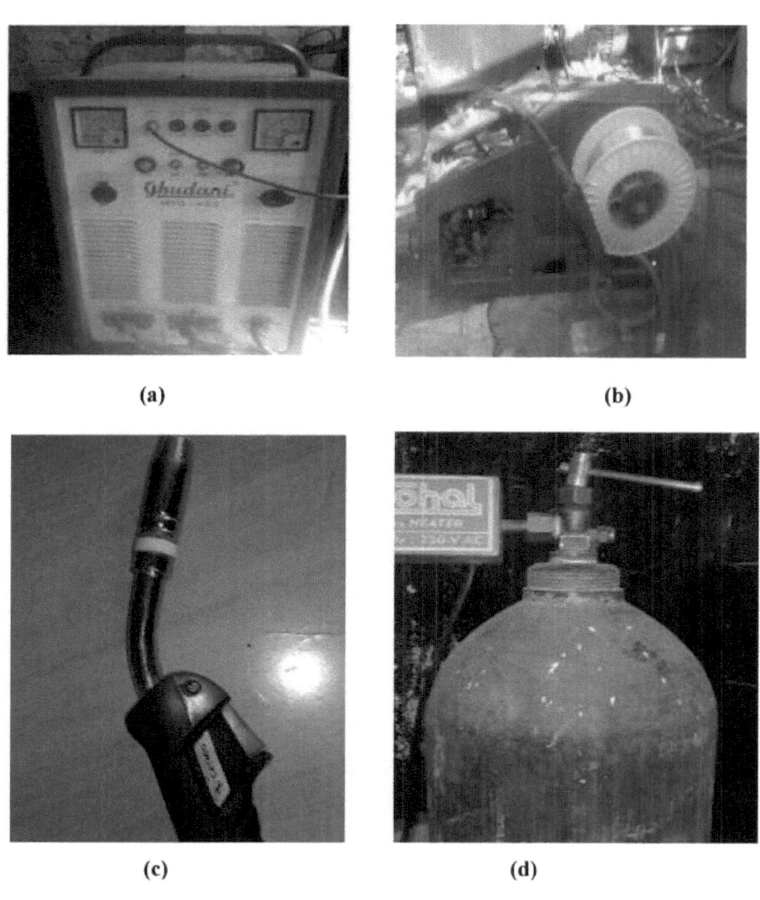

(a)   (b)

(c)   (d)

Fig. 3.6   Set up of GMAW

3.1.5 Especificação da máquina GMAW:-.

O GMAW foi efectuado na metal weld india Ludhiana Punjab na máquina GMAW (Ghundani Mig-452). As várias especificações da máquina são apresentadas no Quadro 3.2.

Tabela 3.2:   Especificação da máquina

S.No	Specification	Units
1	Maximum welding currents	Amps
2	Maximum welding voltage	Volts
3	Gas flow rate	Kg/cm^2

3.2 Procedimento experimental

3.2.1 PREPARAÇÃO DE SOLDADURAS:-

Preparação das arestas :-

Os espécimes de varão AISI 304L e AISI 310 de diâmetro 1,5 cm foram cortados em forma de secção mais pequena, com 5 cm de comprimento cada peça. Cada espécime foi maquinado para obter uma ranhura em V, com um ângulo de 20°.

Fig. 3.   7Amostra de aço inoxidável   com ranhura em V simples

SOLDADURA DE VARETAS:-

Antes da soldadura, a ranhura foi cuidadosamente limpa com uma escova de arame, seguida de limpeza com acetona, para remover a camada de óxido, se houver sujidade ou gordura aderente à superfície da ranhura, após a preparação adequada, as varas de aço são colocadas na bancada de trabalho. Em cada colocação, a distância entre o bocal e a peça de trabalho e a extensão do elétrodo foi de 19 e 10 milímetros, respetivamente. A orientação do elétrodo de soldadura em relação à junta de soldadura foi de 55°.-60°. Depois de verificar a pressão da garrafa de gás de proteção, que foi ajustada para 3 kg/cm^2 , a soldadura foi iniciada. Uma peça de AISI 304L e uma peça de AISI 310 com 8 cm de comprimento para uma e 8 cm de comprimento para a outra peça podem ser soldadas com GMAW. Ambas as varas foram soldadas num único passe.

3.2.2 A soldadura foi preparada utilizando AISI 304L com fios de enchimento revestidos a cobre, sob diferentes condições de soldadura, como explicado abaixo

1. A soldadura do provete é efectuada com uma fonte de corrente alternada.

2. A soldadura é efectuada através da variação de três níveis de corrente AC (i.e. 180 250, 320 amperes)

3. Durante a soldadura, a tensão do arco é de 24 Volts.

4. O gás de proteção é de
3kg/cm^2

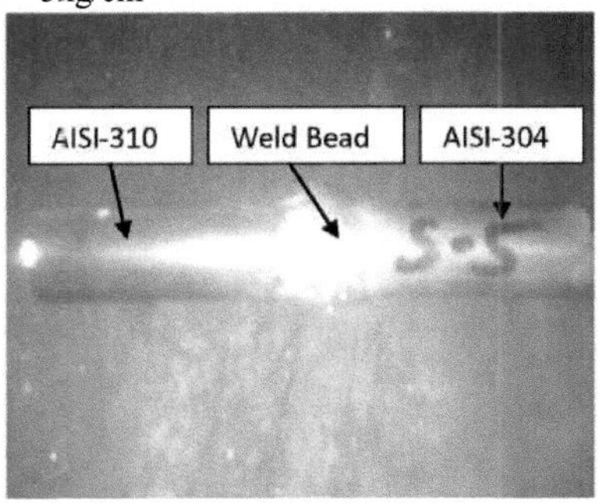

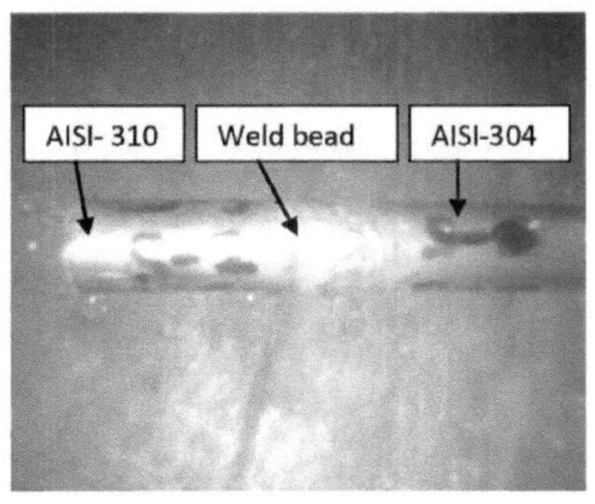

Fig. 3.8Mostra quando a corrente de soldadura é de 180 e a velocidade do fio é de 2m/min

Fig.3.9Amostra quando a corrente de soldadura é 180 e a velocidade do fio é 3m/min

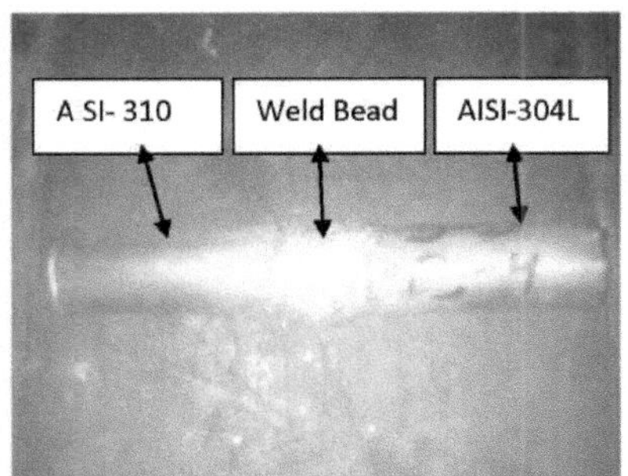

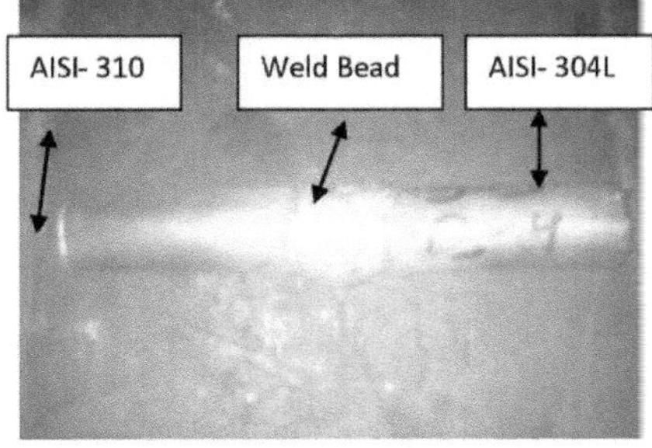

Fig. 3.10 Espécime quando a corrente de soldadura é de 180 e a velocidade do fio é de 5m/min

Fig. 3.11Mostra   quando a corrente de soldadura é de 250 e a velocidade do fio é de 2m/min

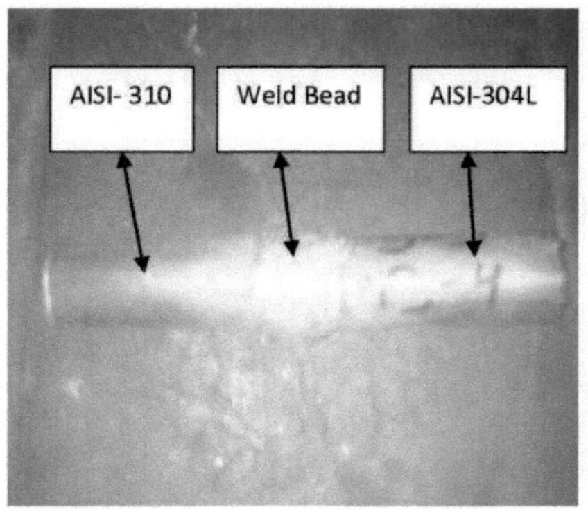

Fig. 3.12 Espécime quando a corrente de soldadura é de 250 e a velocidade do fio é de 3m/min

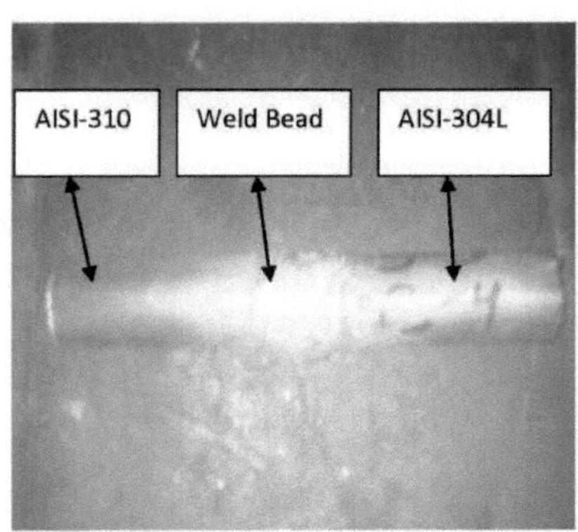

Fig. 3.13 Espécime quando a corrente de soldadura é de 250 e a velocidade do fio é de 5m/min

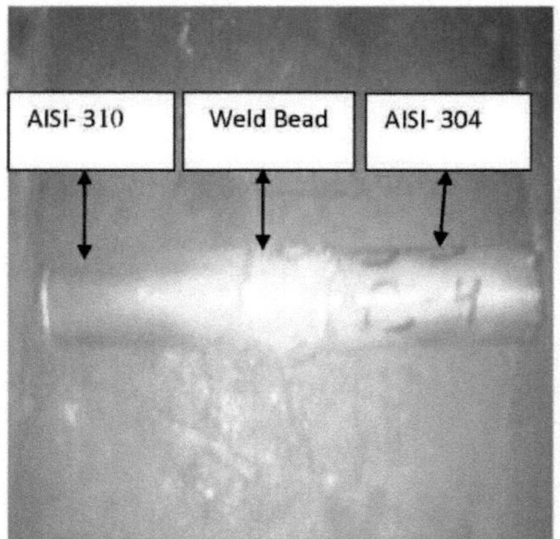

Fig. 3.14 Espécime quando a corrente de soldadura é de 320 e a velocidade do fio é de 2m/min

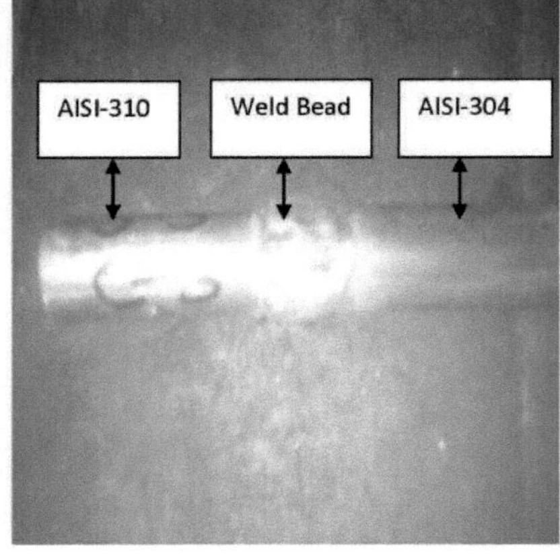

Fig. 3.15 Espécime quando a corrente de soldadura é de 320 e a velocidade do fio é de 3m/min

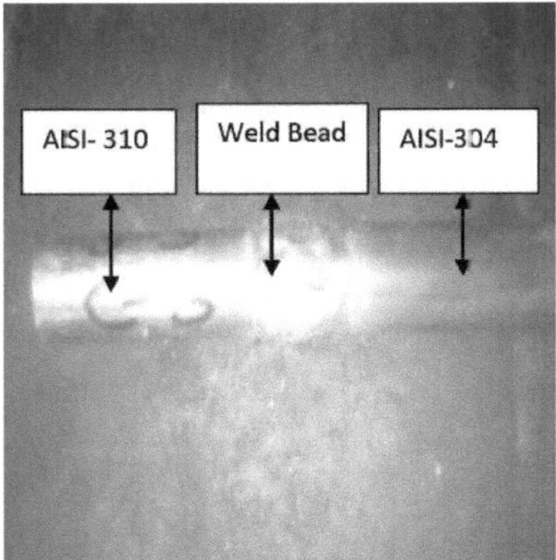

Fig. 3.16 Espécime quando a corrente de soldadura é de 320 e a velocidade do fio é de 5m/min

3.3 Parâmetros de soldadura durante a experimentação:

3.3.1 Parâmetros de entrada:-

❖ Corrente de soldadura :   variável

❖ Velocidade do fio   : variável

❖ Caudal de gás   :   constante

❖ Tensão de soldadura   :   constante

3.3.2 Parâmetros de saída:-

❖ Resistência à tração.

❖ Microdureza.

❖ Microestrutura/Investigação ótica

(a) SEM

(b) EDAX

3.4 Observação experimental

As observações efectuadas durante a experimentação são apresentadas no quadro 4.1.

❖ A soldadura é efectuada a (130, 250 e 320 amperes).

❖ Durante a soldadura, três valores diferentes de velocidade do fio, ou seja, 2, 3 e 5m/min.

❖ Durante a soldadura, a pressão do gás é de 3kg/cm^2 e a tensão de soldadura de 24 volts é mantida constante.

Tabela 3.3:   Diferentes valores de velocidade, corrente, tensão, pressão do gás durante a soldadura

Specimen	Wire speed (m/min)	Current (Amps)	Voltage (Volts)	Gas pressure (kg/cm²)
1	2	180	24	3
2	2	250	24	3
3	2	320	24	3
4	3	180	24	3
5	3	250	24	3
6	3	320	24	3
7	5	180	24	3
8	5	250	24	3
9	5	320	24	3

3.5 Ensaio do provete

3.5.1 Preparação do provete para o ensaio de resistência à tração

O espécime soldado mostrado na fig. (1.26) após a soldagem, o processo de torneamento é realizado no espécime para fazer uma haste homogénea e, em seguida, o teste de resistência à tração é realizado na máquina de ensaio universal. O ensaio de tração foi realizado no Institute for Auto Parts & Hand Tools Technology, Ludhiana, (Punjab).

Fig 3.   17Processo de torneamento após a soldadura

Fig. 3.18 UTM para o ensaio de resistência à tração

3.5 Procedimento para efetuar a resistência à tração

O ensaio de tração foi realizado em AISI 304L e AISI 310, que são soldados por GMAW para diferentes valores de velocidade do fio de soldadura (2, 3 e 5m/min) e corrente de soldadura (180, 250 e 320 amperes). A tabela abaixo mostra o resultado do ensaio de tração:-

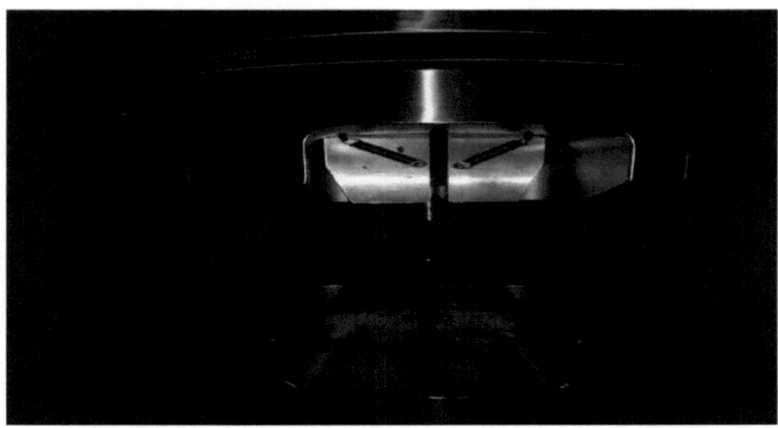

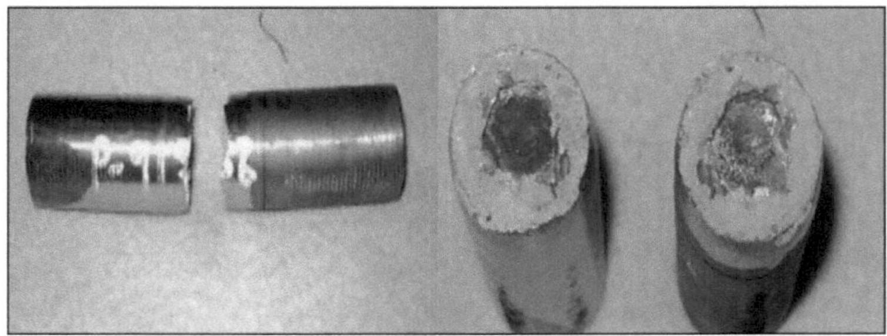

Fig. 3.19 após o ensaio do provete no UTM

Tabela 3.4:   Resistência à tração do provete em diferentes valores de velocidade e corrente

Specimen	Wire Speed (m/min)	Welding Current (Amps)	Tensile Strength (N/mm^2)
1	2	180	177.4
2	2	250	190.5
3	2	320	143.4
4	3	180	150.4
5	3	250	320.4
6	3	320	200.4
7	5	180	207.3
8	5	250	220.6
9	5	320	137.5

3.7 PREPARAÇÃO DO PROVETE PARA O ENSAIO DE MICRODUREZA

Os ensaios de microdureza são efectuados para verificar a dureza do material. O ensaio de microdureza pode ser efectuado aplicando a carga na amostra. As amostras foram inicialmente polidas com vários tipos de papel de esmeril com grau 200, 300, 400, 600, 1000 de grosso a fino, respetivamente, numa máquina de polir discos. Em seguida, polir com um pano de veludo utilizando pó de alumina de grau de polimento num disco de polimento. Após o polimento, a amostra está pronta para o ensaio.

❖ O ensaio de microdureza foi efectuado em três amostras soldadas a três velocidades diferentes.

❖ O ensaio de microdureza foi efectuado com o número piramidal de Vickers (HV) a uma força de 100 gramas.

Fig. 3.20Micro   máquina de ensaio de dureza

❖ O ensaio de microdureza foi efectuado no Instituto de Tecnologia de Máquinas-Ferramentas, Batala (Punjab).

❖ Modelo- MVK- H11

MITUTOYO

Fabricado nos EUA.

Carregamento até 50g a 200g

3.8 Preparação de amostras para ensaios de microestrutura/investigação ótica

Os ensaios de microestrutura/investigação ótica (SEM, EDAX) são realizados para gerar uma variedade de sinais na superfície da amostra. Estes sinais, que resultam da interação entre o eletrão e a amostra, revelam informações sobre a amostra, incluindo a morfologia externa (textura), a composição química, a estrutura cristalina e a rotação do material que constitui a amostra. Na análise SEM, a ampliação varia entre 20X e 300000X, com uma resolução espacial de (50gm a 100gm). A espetroscopia de raios X dispersiva em energia é uma técnica analítica utilizada para a análise elementar ou a caraterização química de uma amostra. É uma das variantes da espetroscopia de fluorescência de raios X que se baseia na investigação de uma amostra através de interacções entre a radiação electromagnética e a matéria, analisando os raios X emitidos pela matéria em resposta ao impacto de partículas carregadas. As suas capacidades de caraterização devem-se, em grande parte, ao princípio fundamental de que cada elemento tem uma estrutura atómica única, permitindo que os raios X característicos da estrutura atómica de um elemento sejam identificados de forma única entre si. As amostras foram inicialmente polidas com vários tipos de papel de esmeril de grau 200, 300, 400, 600, 800, de grosso a fino, respetivamente, numa máquina de polir discos. Em seguida, polir com um pano de veludo utilizando pó de alumina de grau de polimento numa máquina de polimento de discos. Após o polimento, a amostra está pronta para o ensaio.

* As propriedades ópticas e de microestrutura foram realizadas em três amostras soldadas com três velocidades diferentes e um único valor de corrente.

* A microestrutura e as propriedades ópticas foram efectuadas com o instrumento SEM.

Fig. 3.21 Imagem   da amostra preparada para microdureza.

Fig. 3.   22Máquina de ensaio SEM E EDAX

* Os ensaios SEM e EDAX foram efectuados no IIT Roper, (Punjab).

* Modelo- JSM-6610LV

* JEOL

* Fabricado no Japão.

Capítulo 4
Resultados e discussão
4.1 Introdução

4.2 Após a experimentação das várias juntas soldadas em relação à resistência à tração, à microdureza e à evolução da microestrutura, os resultados são resumidos neste capítulo. Estes resultados foram discutidos com a literatura anterior no final deste capítulo.

4.3 RESULTADO DO ENSAIO DE RESISTÊNCIA À TRACÇÃO:-

4.4 As experiências foram realizadas com diferentes valores de corrente AC (180, 250 e 320 Amps) mantendo o caudal de gás 3kg/cm^2 em três valores diferentes de velocidade do fio de soldadura (2, 3 e 5 m/min). A resistência à tração e a microdureza foram medidas e tabuladas. A sua variação com a corrente é mostrada na Fig. 4.1.2. A variação da resistência à tração com diferentes valores de corrente de entrada pode ser observada na Tabela 4.1 a 4.3.

Tabela 4.1: Resistência à tração do provete à velocidade do fio de 2m/min

Specimen	Current (amps)	Tensile strength (N/mm^2) (average of 3 reading)
1	180	177.4
2	250	190.5
3	320	143.4

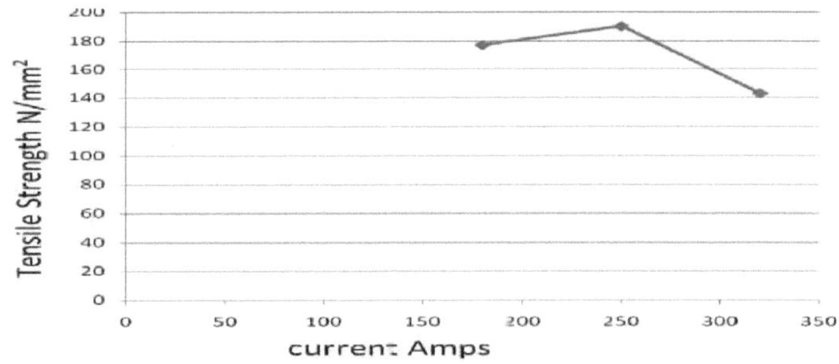

Fig. 4.23 :   Corrente V/S Resistência à tração à velocidade do fio de 2m/Min

Tabela 4.2: Resistência à tração do provete à velocidade do fio de 3m/min

Specimen	Current (amps)	Tensile strength (N/mm²) (average of 3 reading)
4	180	150.4
5	250	320.4
6	320	200.4

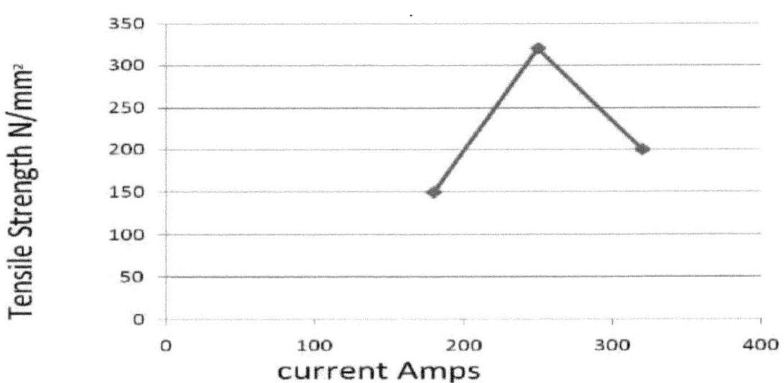

Fig. 4.24 Corrente v/s resistência à tração à velocidade do fio de 3m/min

Tabela 4.3: Resistência à tração do provete a uma velocidade do fio de 5m/min

Specimen	Current (amps)	Tensile Strength (N/mm²) (average of 3 reading)
7	180	207.3
8	250	220.6
9	320	137.5

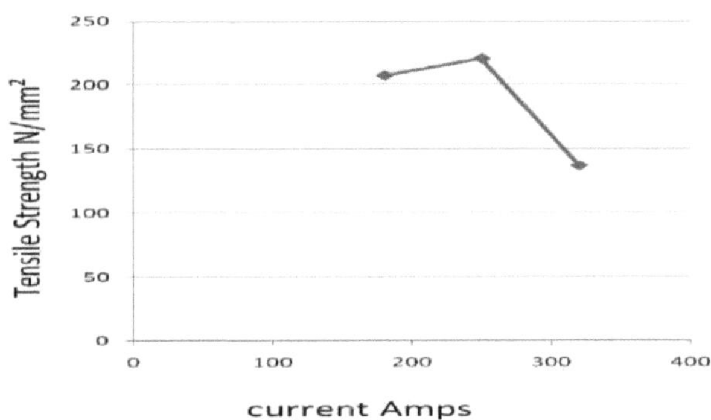

Fig. 4.25:   Corrente v/s resistência à tração à velocidade do fio de 5m/min

4.1.2 RESULTADO DO ENSAIO DE MICRODUREZA

As tabelas 4.4 a 4.21 mostram a variação da microdureza com diferentes valores de corrente de entrada para as ligas soldadas AISI-304L e AISI-310.

Tabela 4.4: Microdureza a diferentes valores da corrente de entrada à velocidade do fio de 2m/min, para AISI 304L

Current Amps	Hardness number gf/mm² (average of 3 reading)
180	311
250	342.3
320	304

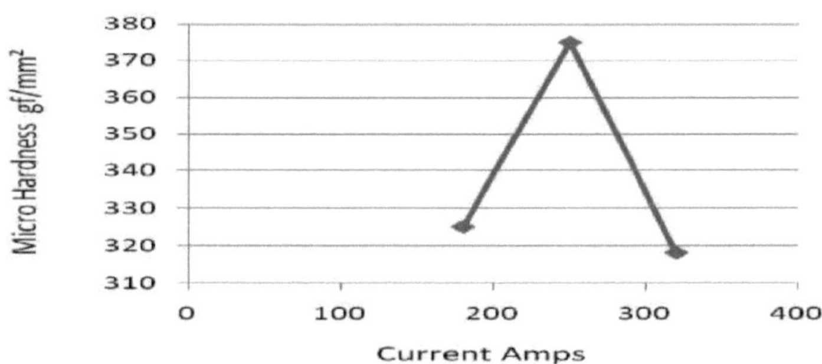

Fig. 4.   26Microdureza v/s corrente à velocidade do fio 2m/min para a base AISI 304L

Quadro 4.5microdureza a diferentes valores da corrente de entrada à velocidade do fio de 2m/min para HAZ

Current Amps	Hardness number gf/mm² (average of 3 reading)
180	325.3
250	375.4
320	318.4

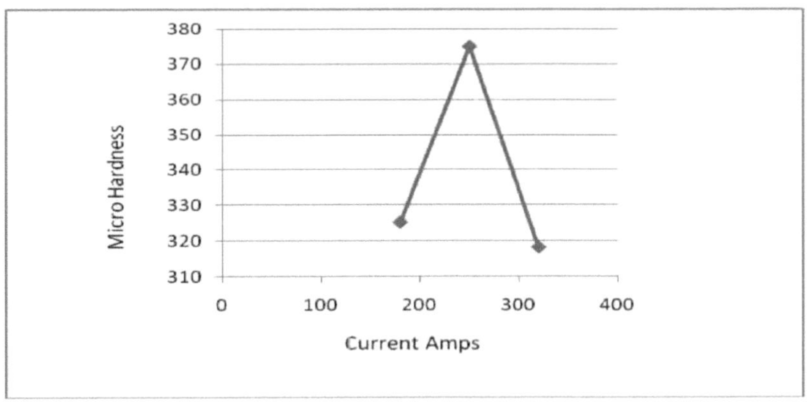

Fig. 4.27Micro   dureza v/s corrente à velocidade do fio de 2m/min para HAZ

Tabela 4.6: Microdureza com diferentes valores de corrente de entrada e velocidade do fio 2m/min para a junta de soldadura

Current Amps	Hardness number gf/mm² (average of 3 reading)
180	396.4
250	431.3
320	388.4

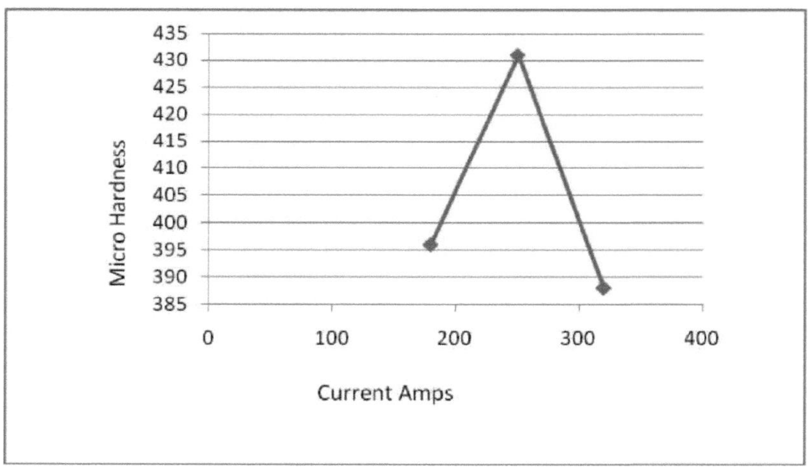

Fig. 4.28:   Microdureza v/s corrente quando a velocidade do fio é de 2m/min para a junta de soldadura

Quadro 4.7: Microdureza com diferentes valores de corrente de entrada e velocidade do fio 3m/min para o metal 304L

Current Amps	Hardness number gf/mm² (average of 3 reading)
180	349.7
250	380.6
320	345.3

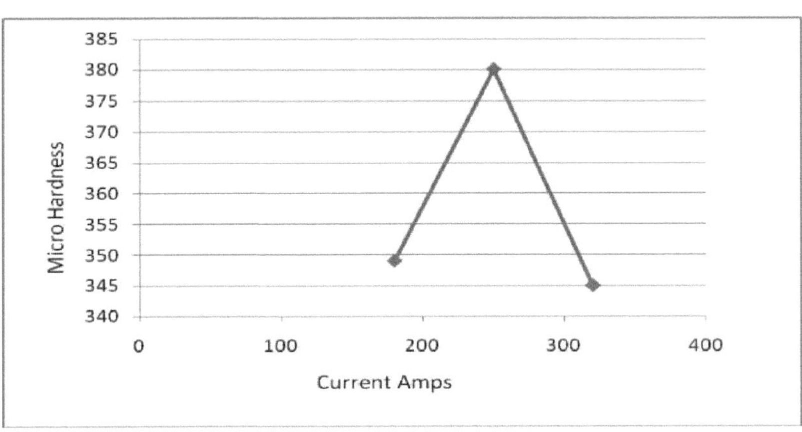

Fig. 4.29:   Microdureza v/s corrente quando a velocidade do fio é de 3m/min para o metal de base 304L

Quadro 4.8Microdureza a diferentes valores de corrente de entrada e velocidade do fio 3m/min para HAZ

Current Amps	Hardness number gf/mm² (average of 3 reading)
180	381.3
250	431.2
320	379.4

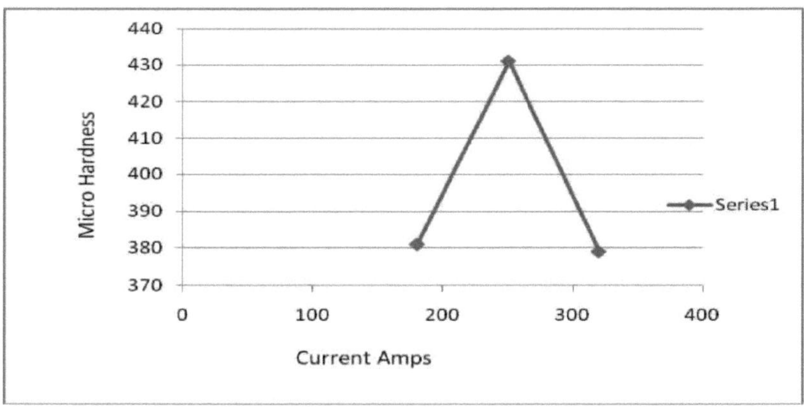

Fig. 4.30:   Microdureza v/s corrente quando a velocidade do fio é de 3m/min para HAZ

Tabela 4.9: Microdureza com diferentes valores de corrente de entrada e velocidade do fio 3m/min para a junta de soldadura

Current Amps	Hardness number gf/mm² (average of 3 reading)
180	409.4
250	444.9
320	404.5

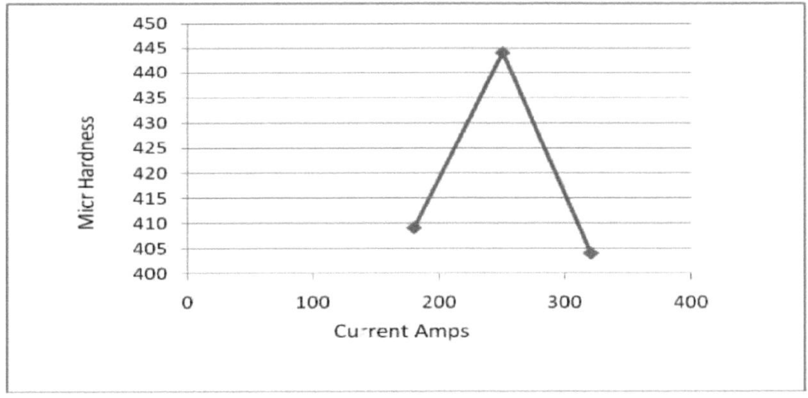

Fig. 4.31:   Microdureza v/s corrente quando a velocidade do fio é de 3m/min para a junta de soldadura

Quadro 4.10: Microdureza a diferentes valores de corrente de entrada, velocidade do fio 5m/min para o metal AISI 304L

Current Amps	Hardness number gf/mm² (average of 3 reading)
180	201.4
250	209.3
320	196.3

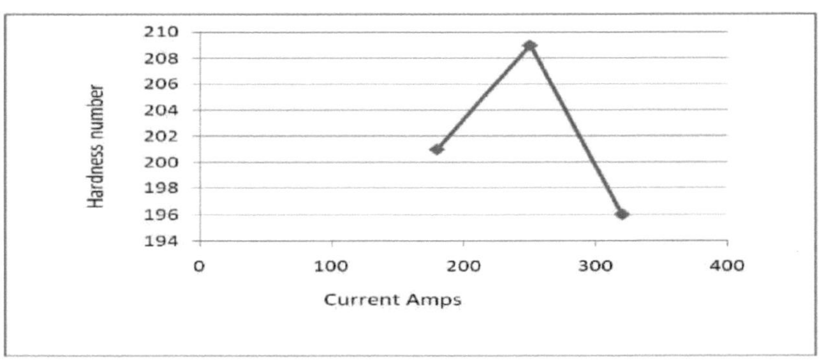

Fig. 4.32:   Microdureza v/s corrente quando a velocidade do fio é de 5m/min para o metal de base AISI 304L

40

Tabela 4.11: Microdureza com diferentes valores de corrente de entrada e velocidade do fio 5m/min para HAZ

Current Amps	Hardness number gf/mm² (average of 3 reading)
180	325.3
250	343.3
320	305.4

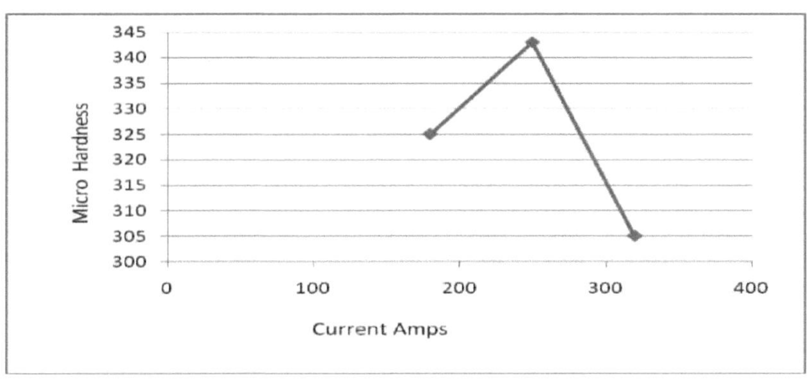

Fig. 4.33Micro   dureza v/s corrente quando a velocidade do fio é de
5m/min para HAZ.

Tabela 4.12: Microdureza com diferentes valores de corrente de entrada e velocidade do fio 5m/min para a junta de soldadura.

Current Amps	Hardness number gf/mm² (average of 3 reading)
180	393
250	428.4
320	385.4

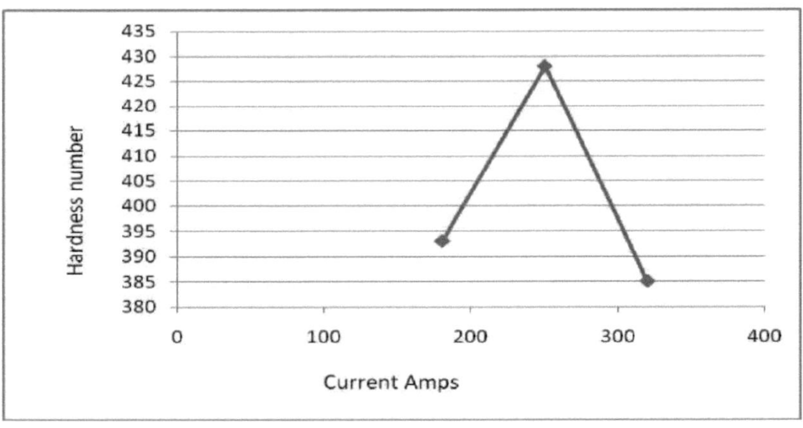

Fig. 4.34Micro   dureza v/s corrente quando a velocidade do fio é de 5m/min para a junta de soldadura

Tabela 4.13: Microdureza com diferentes valores de corrente de entrada e velocidade do fio 2m/min para o metal 310

Current Amps	Hardness number gf/mm² (average of 3 reading)
180	382.5
250	419
320	374.5

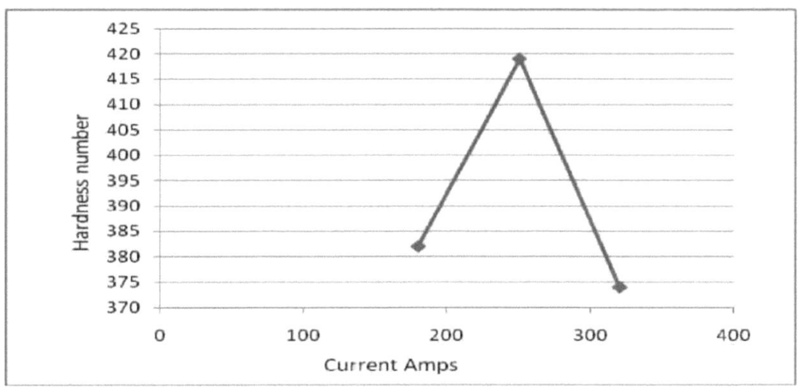

Fig. 4.35Micro   dureza v/s corrente quando a velocidade do fio é de 2m/min para o metal de base 310

Tabela 4.14: Microdureza com diferentes valores de corrente de entrada e velocidade do fio 2m/min para HAZ

Current Amps	Hardness number gf/mm² (average of 3 reading)
180	304.1
250	394.1
320	297.3

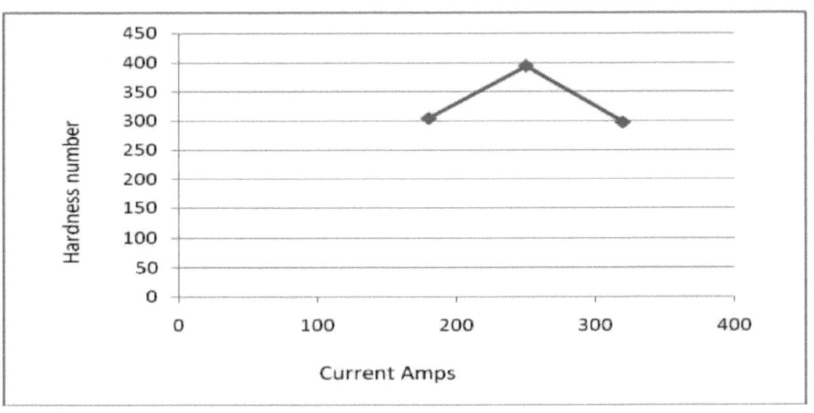

Fig. 4.36Micro   dureza v/s corrente quando a velocidade do fio é de 2m/min para HAZ

Tabela 4.15 Microdureza com diferentes valores de corrente de entrada e velocidade do fio 2m/min para a junta de soldadura.

Current Amps	Hardness number gf/mm^2 (average of 3 reading)
180	396.4
250	431.3
320	388.4

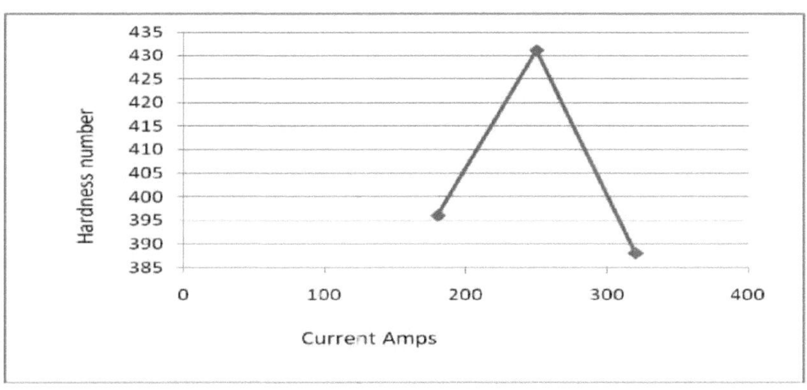

Fig. 4.37Micro   dureza v/s corrente quando a velocidade do fio é de 2m/min para junta de soldadura

Tabela 4.16: Microdureza com diferentes valores de corrente de entrada e velocidade do fio 3m/min para o metal 310

Current Amps	Hardness number gf/mm² (average of 3 reading)
180	398.7
250	403.7
320	393.4

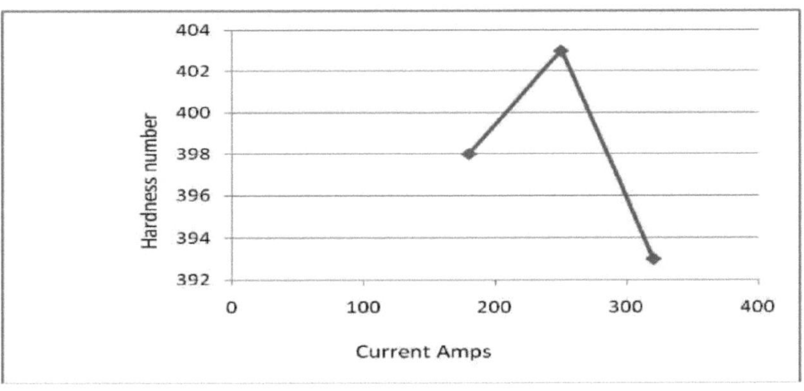

Fig. 4.38Micro   dureza v/s Corrente quando a velocidade do fio é de 3m/Min para o metal de base AISI 310

Tabela 4.17: Microdureza com diferentes valores de corrente de entrada e velocidade do fio 3m/min para HAZ

Current Amps	Hardness number gf/mm² (average of 3 reading)
180	339
250	429.4
320	335.4

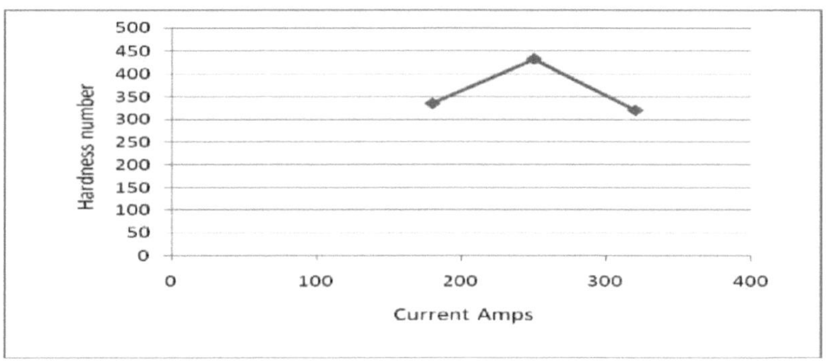

Fig. 4.39Micro dureza v/s corrente quando a velocidade do fio é de 3m/min para HAZ

Tabela 4.18 Microdureza com diferentes valores de corrente de entrada, velocidade do fio 3m/min; tensão de soldadura 24

Current Amps	Hardness number gf/mm² (average of 3 reading)
180	409.4
250	444.9
320	404.5

volts e pressão de gás 3kg/cm² para junta de soldadura

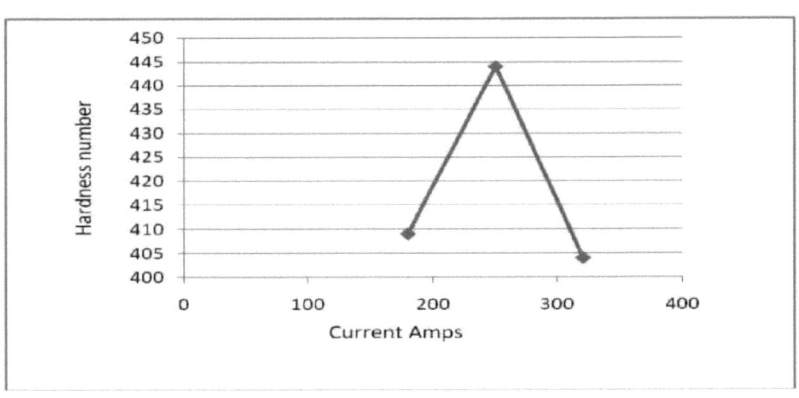

Fig 4.40Micro dureza v/s corrente quando a velocidade do fio é de 3m/min para junta de soldadura

Tabela 4.19: Microdureza com diferentes valores de corrente de entrada e velocidade do fio 5m/min para o metal 310

Current Amps	Hardness number gf/mm² (average of 3 reading)
180	230.4
250	189.6
320	212.4

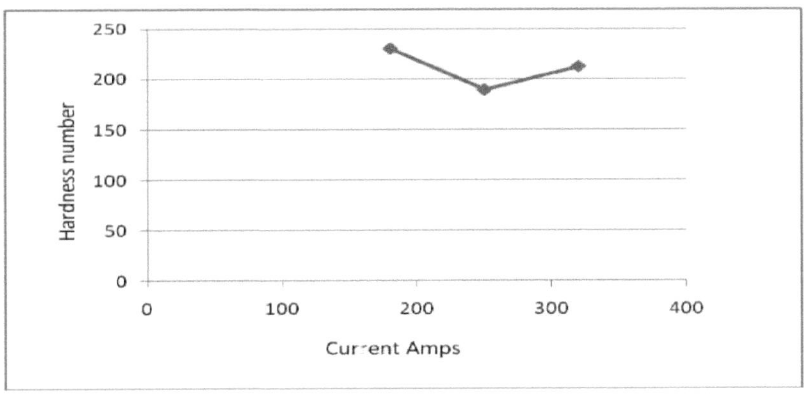

Fig. 4.41Micro   dureza v/s corrente quando a velocidade do fio é de 5m/min para o metal de base AISI 310

Tabela 4.20: Microdureza com diferentes valores de corrente de entrada e velocidade do fio 5m/min para a ZTA.

Current Amps	Hardness number gf/mm² (average of 3 reading)
180	335.4
250	433.4
320	320.4

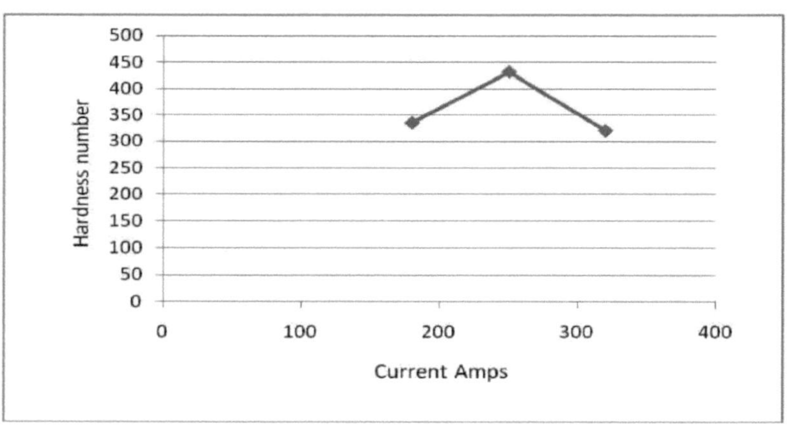

Fig. 4.42Micro dureza v/s corrente quando a velocidade do fio é de 5m/min para HAZ

Tabela 4.21Microdureza com diferentes valores de corrente de entrada e velocidade do fio 5m/min para junta de soldadura

Current Amps	Hardness number gf/mm² (average of 3 reading)
180	393
250	428.4
320	385.4

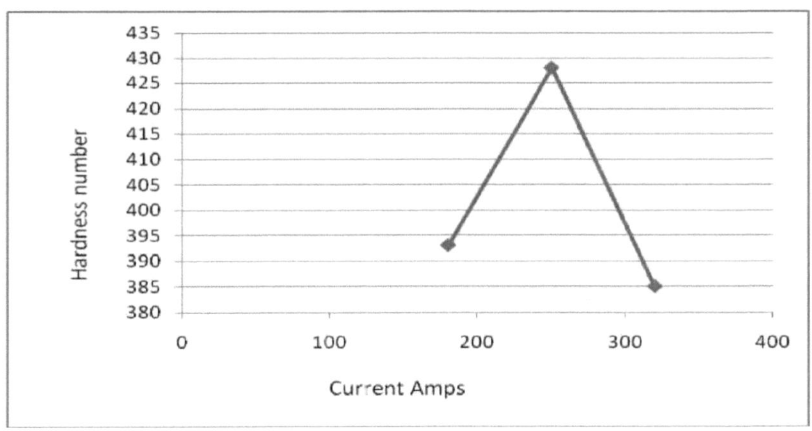

Fig. 4.43Micro   dureza v/s corrente quando a velocidade do fio é de 5m/min para junta de soldadura

4.1.3 Resultado da investigação ótica (SEM E ANÁLISE EDAX)

As Fig. 4.44 a 4.46 mostram as várias imagens sem e a análise edax para o ensaio de tração do espécime

à velocidade do fio (2, 3 e 5 m/min) e corrente de 180 amperes.

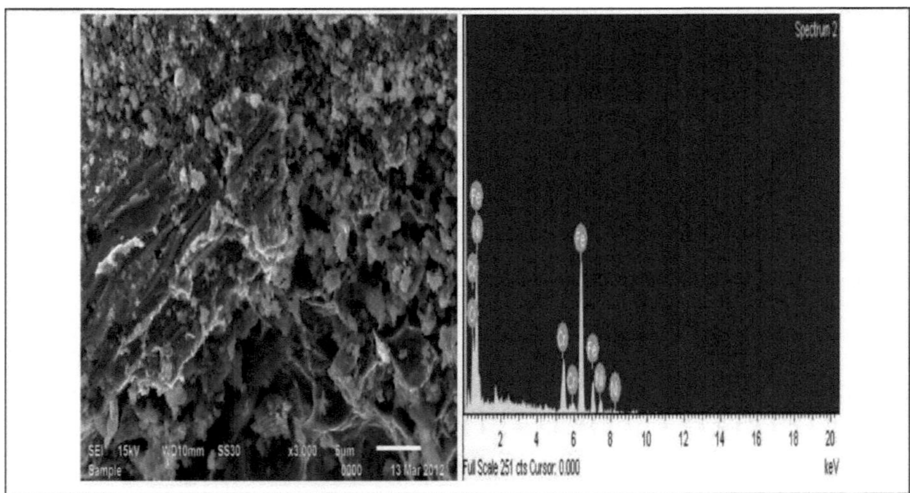

Fig. 4.44:   Imagem SEM com análise EDAX do espécime após o ensaio de tração à velocidade do fio 2m/min

e 180 Amps de corrente

A imagem SEM apresentada na Fig. 4.44 mostra que algumas partes contêm vazios na superfície do espécime fracturado. Há também a presença de algumas fissuras. A análise EDAX mostra que não há evidência de formação de óxido.

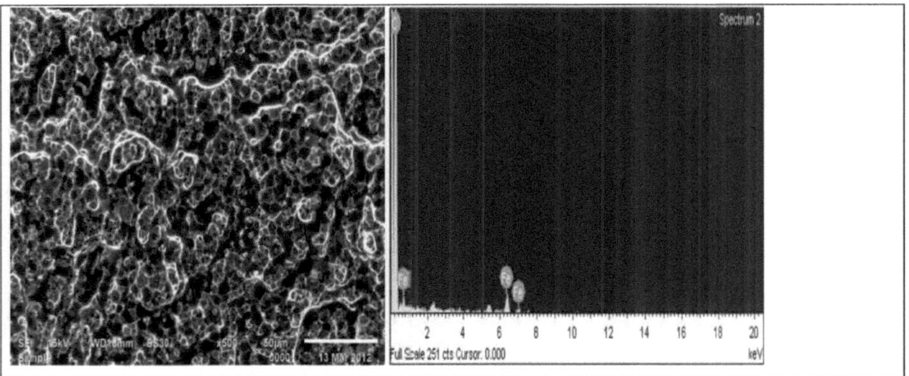

Fig. 4.45:   Imagem SEM com análise EDAX do espécime após ensaio de tração à velocidade do fio 3m/min

e 180 Amps de corrente

Fig. 4.45 A imagem SEM mostra que a superfície fracturada tem alguns espaços vazios porosos, os grãos estão dispostos corretamente e têm a mesma natureza, até à superfície fracturada que foi testada à velocidade de fio de 2m/min, não há evidência de fissuras na superfície e a análise EDAX mostra que a variação da composição da amostra é muito pequena

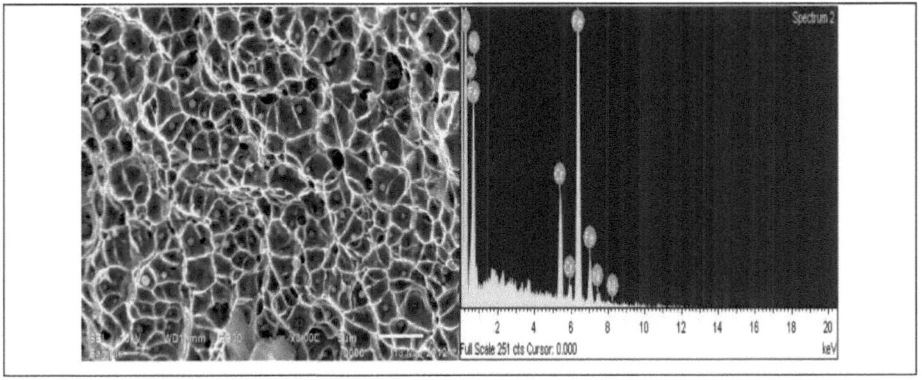

Fig. 4.46 Imagem SEM com análise EDAX do espécime após ensaio de tração à velocidade do fio 5m/min e corrente de 180 Amps

Fig. 4.46 A imagem SEM mostra que as covinhas de tamanho relativamente grande estão rodeadas por covinhas grosseiras e uma pequena quantidade de desgaste, e que a variação da composição química e a análise EDAX são muito grandes, o que provoca perdas de resistência à tração e de microdureza.

As Fig. 4.47 a 4.49 mostram as várias imagens sem e a análise edax para o ensaio de tração do espécime à velocidade do fio (2,3&5m/min) e 250amp.

Fig. 4.47:   Imagem SEM com análise EDAX do espécime após ensaio de tração à velocidade do fio 2m/min

e 250 amperes de corrente

Fig. 4.47 A imagem SEM mostra que, após a quebra do espécime durante o ensaio de tração, a superfície do espécime é frágil por natureza. Este facto deve-se à variação da composição química do Fe durante a análise EDAX.

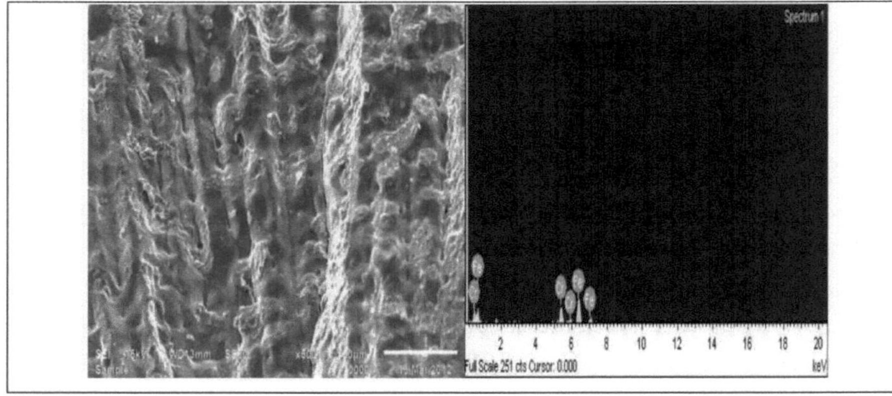

Fig. 4.   48Imagem MEV   com análise EDAX do espécime após ensaio de tração à velocidade do fio 3m/min

e 250 Amps de corrente

Fig. 4.48 A imagem SEM mostra que o material contém invariavelmente covinhas muito mais pequenas, com algumas covinhas grosseiras distribuídas entre as covinhas finas, o que significa que a difusão do metal soldado ocorre corretamente e que o material não é frágil.

Fig. 4.   49Imagem MEV   com análise EDAX do espécime após ensaio de tração à velocidade do fio 5m/min

e 250 Amps de corrente

Fig. 4.49 A imagem SEM mostra que, após a rutura do espécime durante o ensaio de tração, algumas partes da superfície são de natureza colunar, o que causará a fragilidade da superfície. A análise EDAX mostra que a variação da composição química. Isto causará a perda de resistência à tração e de microdureza.

As Fig. 4.50 a 4.52 mostram as várias imagens SEM e a análise EDAX para o ensaio de tração de espécimes à velocidade do fio (2,3&5m/min) e 320 amperes

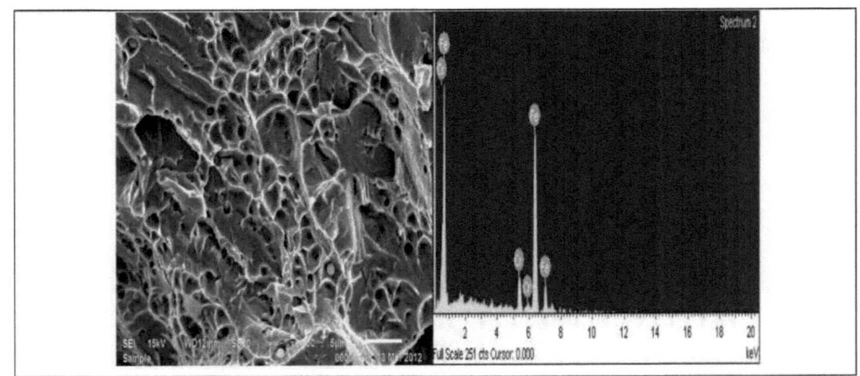

Fig. 4.50.   Imagem SEM com análise EDAX do espécime após ensaio de tração à velocidade do fio 2m/min

e 320 amperes de corrente

Fig. 4.50 A imagem SEM mostra que algumas partes da superfície contêm vazios e que a superfície superior está desgastada em vários locais e a análise EDAX mostra que a composição química varia, o que provoca a perda da resistência à tração e da microdureza da superfície soldada.

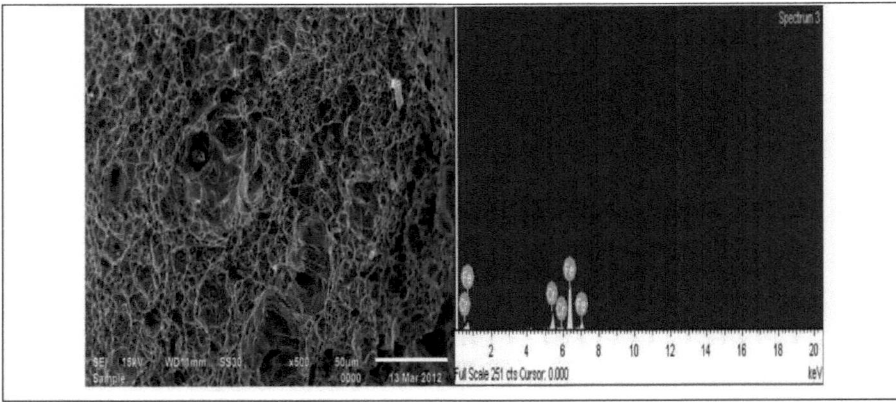

Fig. 4.   51Imagem MEV   com análise EDAX do provete após ensaio de tração à velocidade do fio 3m/min

e 320 amperes de corrente

A Fig.4.51 mostra uma imagem SEM em que a junta é invariavelmente constituída por covinhas finas e uniformes, o que indica que o espécime falha de forma dúctil.

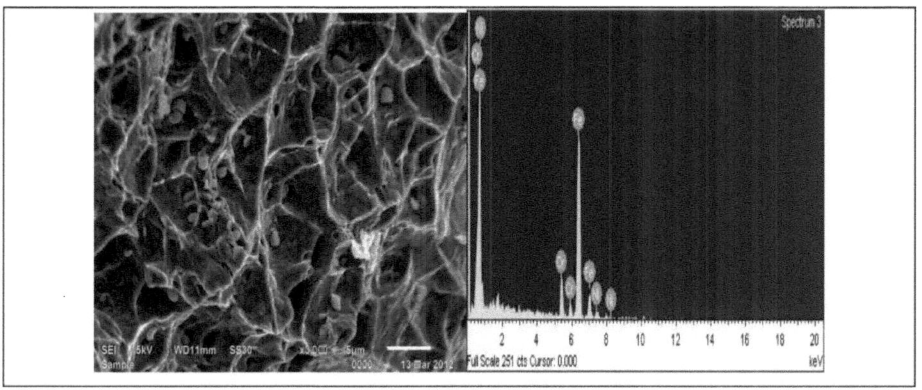

Fig. 4.   52Imagem MEV   com análise EDAX do espécime após ensaio de tração à velocidade do fio 5m/min

e 320 amperes de corrente

A imagem SEM da Fig. 4.52 mostra que algumas partes contêm vazios e também se observa que a superfície está rachada em alguns sítios, o que significa que a difusão não ocorre corretamente. A análise EDAX também mostra claramente que a composição química (Fe, Cr) do espécime é variável.

4.1.4 Resultado da microestrutura

As Fig. 4.53 a 4.55 mostram as várias imagens SEM e a análise Edax para o ensaio de tração de espécimes à velocidade do fio (2, 3 e 5 m/min) e corrente (180, 250 e 320 amperes).

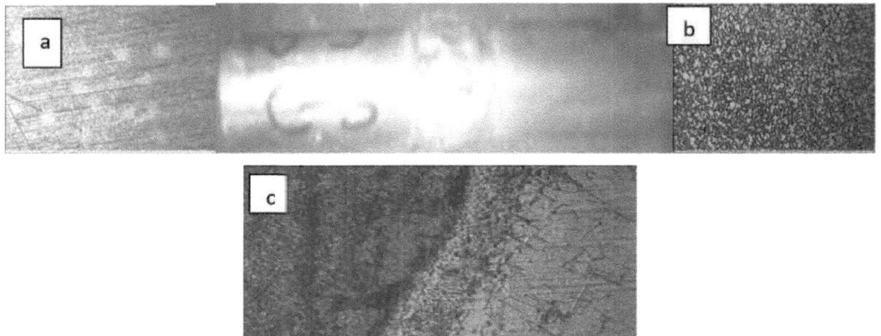

Fig. 4.53 a,b,c Microestrutura do provete depois de soldado com velocidade de fio de 2m/min e corrente de 180 Amps.

A microestrutura da ZTA apresentada na fig. 4.53 (c) mostra a microestrutura da ZTA com grãos de austenite colunares e rugosos

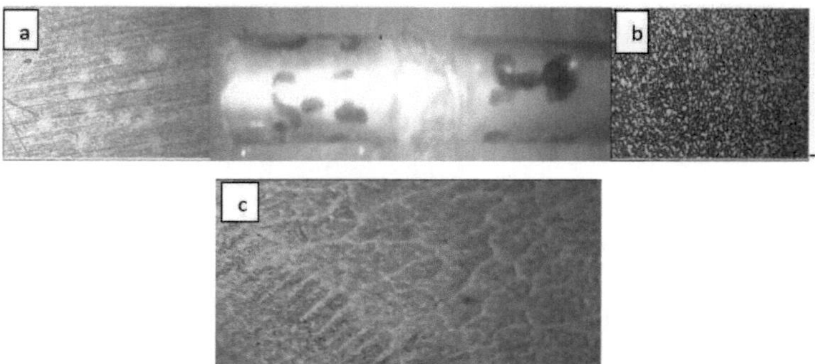

Fig. 4.54 a,b,c Microestrutura do provete depois de soldado à velocidade do fio de 3m/min e 250 Amps de corrente.

A microestrutura da ZTA apresentada na fig. 4.54 (c) mostra grãos de austenite equiaxiais e grãos colunares. Os grãos de austenite equiaxiais são finos e a fase de austenite interdendrítica.

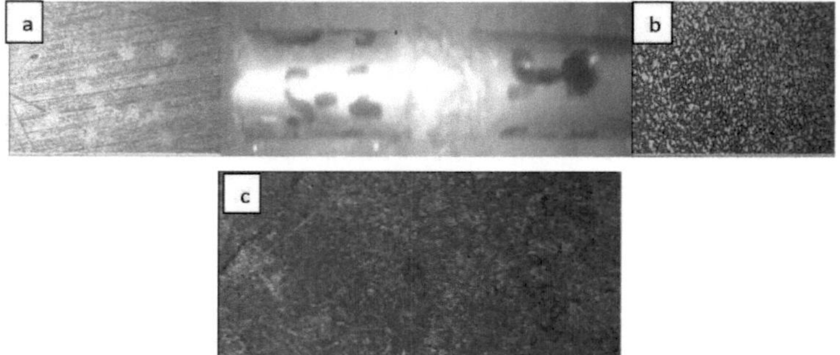

Fig. 4.55 a,b,c Microestrutura do provete depois de soldado à velocidade do fio 5m/min e corrente de 320 Amps.

A microestrutura da ZTA apresentada em 4.55 (c) mostra que os grãos de austenite equiaxiais grosseiros

4.2 DISCUSSÃO

As tabelas 4.1 a 4.3 mostram a variação da resistência à tração em função da corrente de soldadura a diferentes valores de velocidade. Em todos os casos de ensaios de tração de juntas soldadas, verificou-se que a fratura por tração ocorre a partir do depósito de soldadura próximo da linha de fusão, o que se deve principalmente à acumulação de uma quantidade significativa de porosidade nesta região. No entarto, durante os estudos de imagem, observou-se que o teor de porosidade desta região varia com a alteração da corrente de soldadura, afectando assim a resistência à tração. A natureza da variação na resistência à tração da junta soldada com a mudança na corrente de soldadura foi marcada para estar de acordo com o conteúdo de porosidade do depósito de solda na região de fratura. Isto foi identificado qualitativamente durante a observação atenta das superfícies de fratura. A formação de porosidade no depósito de solda é marcada como sendo bastante significativa na corrente de soldadura[38,39]. Pode ser mostrado que o valor máximo da resistência à tração é de 320,4 MPa a 250 Amps de corrente quando a velocidade do fio é de 3m/min. onde em [16] a resistência à tração final é de 289 MPa a 2,5 m/min, isto é devido à porosidade presente.

As tabelas 4.4 a 4.21 mostram os diferentes valores de microdureza Hv para diferentes valores de corrente (180,250,320) em diferentes pontos. Na Tabela 4.4 a 4.6 pode observar-se que o valor máximo de microdureza para o metal de base AISI 304L é 342,3 Hv, para a ZTA do AISI 304L é 375,4 Hv, a junta de soldadura do AISI 304L & AISI 310 é 431,3 Hv a 250 Amps de corrente quando a velocidade do fio é 2m/min. Na Tabela 4.7 a 4.9 pode observar-se que o valor máximo de microdureza para o metal de base AISI 304L é 380,6 Hv, para a ZTA do AISI 304L é 431,2 Hv, a junta de soldadura do AISI 304L & AISI 310 é 444,9 Hv a 250 Amps de corrente quando a velocidade do fio é 3m/min. Nas Tabelas 4.10 a 4.12 pode observar-se que o valor máximo de microdureza para o metal de base AISI 304L é 209,3 Hv, para a ZTA do AISI 304L é 343,3 Hv, a junta de soldadura do AISI 304L & AISI 310 é 428,4 Hv a 250 Amps de corrente quando a velocidade do fio é 5m/min. Nas Tabelas 4.13 a 4.14 pode observar-se que o valor máximo de microdureza para o metal de base AISI 310 é de 419 Hv, para a ZTA do AISI 310 é de 394,1 Hv a 250 Amps de corrente e a velocidade do fio é de 2 m/min. Nas Tabelas 4.16 a 4.17 pode observar-se que o valor máximo de microdureza para o metal de base AISI 310 é de 403,7 Hv, para a ZTA do AISI 310 é de 429,4 Hv a 250 Amperes de corrente e a velocidade do fio é de 3 m/min. Nas Tabelas 4.19 a 4.21 pode observar-se que o valor máximo de microdureza para o metal de base AISI 310 é 189,6 Hv, para a ZTA do AISI 310 é 433,4 Hv, a junta de soldadura do AISI 304L & AISI 310 é 428 a 250 Amps de corrente e a velocidade do fio é 5 m/min. A microdureza tem o melhor valor a 250 Amperes de corrente para uma velocidade de 3m/min devido à estrutura de grão lisa e, a partir da análise EDAX, a presença de elementos de liga (Fe, Ni e Cr) causa o grande valor de dureza, enquanto a microdureza da liga 310 e 304 é inferior à H. Naffakh [et.al] [40], isto deve-se ao facto de a superfície obtida durante a soldadura não ter um grão de eixo igual e também devido às impurezas e à variação dos elementos de liga.

A Fig. 4.43 mostra que algumas partes contêm vazios na superfície do espécime fracturado. Há também a presença de algumas fissuras. A análise EDAX mostra que não há evidência de formação de óxido que cause a perda de resistência à tração e microdureza.

Fig 4.44 A imagem SEM mostra que a superfície fracturada tem alguns espaços vazios porosos, os grãos estão dispostos corretamente e têm a mesma natureza, até à superfície de fratura que foi testada à velocidade de fio de 2m/min, não há evidência de fissuras na superfície e a análise EDAX mostra que a variação da composição da amostra é muito pequena. Fig 4.45 Imagem SEM Diferentes microzonas são investigadas em pormenor para estabelecer a natureza da fratura. A imagem mostra que as covinhas de tamanho relativamente grande estão rodeadas por covinhas grosseiras e uma pequena quantidade de desgaste, também a variação da composição química da análise EDAX é muito grande, pelo que isto causará as perdas de resistência à tração e microdureza à velocidade do fio 5m/min e a corrente de soldadura é de 250 Amps. Fig 4.46 Imagem SEM que mostra que, após a quebra do espécime durante o ensaio de tração, a superfície do espécime é frágil por natureza. Isto deve-se à variação da composição química do Fe durante a análise EDAX, o que resulta numa perda de resistência à tração. É evidente a elevada resistência à tração e a microdureza a 2 m/min de velocidade do fio e 250 Amps de corrente. Fig. 4.47 A imagem SEM mostra que o material contém invariavelmente covinhas muito mais pequenas, com algumas covinhas grosseiras distribuídas entre as covinhas finas, o que significa que a difusão do metal soldado ocorre corretamente e que o material não é frágil. A maior dureza na interface de soldadura pode ser devida ao enriquecimento desta zona com Fe, Ni e Cr e à subsequente formação de fases intermetálicas FeNi/CrNiFe, o que também é apoiado por Murti e Sundarsean [35]. Fig 4.48 A imagem SEM mostra que, após a quebra do espécime durante o ensaio de tração, algumas partes da superfície são de natureza colunar, o que causará a fragilidade da superfície. Isto causará a perda de resistência à tração e de microdureza. A partir da Fig. 4.49, a imagem SEM mostra claramente que algumas partes da superfície contêm vazios e que a superfície superior está desgastada em vários sítios. A análise EDAX mostra também que a composição química varia, o que provoca a perda de resistência à tração e de microdureza da superfície soldada. A partir da fig. 4.50, a imagem SEM mostra claramente que a junta é invariavelmente constituída por covinhas finas e uniformes, o que indica que o espécime falha de forma dúctil sob a ação da carga de tração e a análise EDAX mostra claramente que a variação da composição química é muito pequena, pelo que a velocidade do fio de 3m/min e a corrente de soldadura de 250 Amps têm uma resistência máxima à tração e microdureza. A partir da fig. 4.51, a imagem SEM mostra claramente que algumas partes contêm vazios e também se observa que a superfície está rachada em alguns sítios, o que significa que a difusão não ocorre corretamente. Também é claro a partir da análise EDAX que a composição química (Fe, Cr) do espécime é variável, o que causa a perda de resistência à tração e micro dureza. A imagem do espécime testado à tração mostra que impulsos de tamanho relativamente pequeno rodeiam covinhas grosseiras e uma pequena quantidade de crista de rasgamento pode ser observada na junta GTAW. Na soldadura, a fratura frágil foi observada à medida que aumentamos o comprimento de queima, o que apoia ainda mais a formação de carbonetos e compostos intermetálicos. A partir do SEM fractogáfico da soldadura dissimilar testada à tração feita por GMAW mostra fratura por clivagem[37]. A distribuição elementar ao longo da interface e as características de fratura por clivagem predominantes sugerem que a interdifusão de elementos levou à criação de fratura por clivagem quassi de baixa ductilidade.

A fig. 4.53 (a) mostra a microestrutura do provete de ensaio (AISI-310) com grãos colunares e equiaxiais e a fig. 4.53 (b) mostra o provete de ensaio (AISI-304) com uma estrutura de grão fino. Enquanto que a fig. 4.53 (c) mostra a microestrutura da ZTA com grãos de austenite colunares e rugosos, devido à ligação colunar e rugosa entre os grãos não ser muito elevada, pelo que, quando o provete é testado à tração, a resistência à tração é baixa em comparação com a estrutura de grãos colunares equiaxiais e a estrutura da superfície superior da ZTA tem um aspeto rugoso, porque a estrutura de grãos colunares e rugosos que provoca a microdureza não é tão elevada quando comparada com a estrutura de grãos equiaxiais. A fig. 4.54 (a) mostra a microestrutura do provete de ensaio (AISI-310) com grão colunar e equiaxial e a fig. 4.54 (b) mostra o provete de ensaio (AISI-304) com estrutura de grão fino. Enquanto a fig. 4.54 (c) mostra a microestrutura da ZTA com austenite equiaxial e grão colunar, devido ao facto de a ligação entre o grão colunar equiaxial e o grão ser bastante elevada, pelo que, quando o provete é submetido a um ensaio de tração, a resistência à tração é muito elevada e a estrutura da superfície superior da ZTA é bastante fina, porque o grão é equiaxial, o que faz com que a microdureza também seja elevada à velocidade do fio de 3 m/min e à corrente de 250 amperes. Em investigações anteriores (Bonollo *et.al)[41],* os grãos de austenite equiaxial são finos e a fase de austenite interdendrítica. A fig. 4.55 (a) mostra a microestrutura do provete de ensaio (AISI-310) com grão colunar e equiaxial e a fig. 4.55 (b) mostra o provete de ensaio (AISI-304) com estrutura de grão fino. Enquanto a fig. 4.55 (c) mostra a microestrutura da ZTA com grãos de austenite equiaxiais grosseiros, devido ao facto de a ligação entre os grãos equiaxiais grosseiros ser bastante baixa quando comparada com a estrutura de grãos equiaxiais, pelo que, quando o provete é submetido a um ensaio de tração, a resistência à tração é baixa quando comparada com a estrutura de grãos colunares equiaxiais e, além disso, a estrutura da superfície superior da ZTA tem um aspeto rugoso, porque a estrutura de grãos grosseiros que provoca a microdureza não é tão elevada quando comparada com a estrutura de grãos equiaxiais.

Capítulo 5

Conclusões

5.1 A partir dos resultados acima referidos, foram tiradas as seguintes conclusões

1) A resistência à tração da junta de soldadura tem um valor ótimo de 320,4 N/mm^2 a 250 Amps de corrente a 3m/min de velocidade do fio.

2) O valor máximo de microdureza para o metal de base e a ZTA do AISI 304L é 380,6 e 431,2 à velocidade do fio 3m/min quando a corrente é de 250 Amps.

3) O valor máximo de microdureza para a junta de soldadura de AISI 304L & AISI 310 é 444,9 à velocidade do fio 3m/min quando a corrente é de 250 Amps.

4) O valor máximo de microdureza para o metal de base e a ZTA do AISI 310 é de 429,4 e 403,7 à velocidade do fio de 3m/min quando a corrente é de 250 Amps.

5) A partir da análise SEM, observou-se que, com uma velocidade de fio de 3 m/min e uma corrente de 250 amperes, o grão da superfície é ultrafino, o que provoca uma elevada resistência à tração e microdureza.

6) A partir da análise EDAX, observou-se que, a uma velocidade de fio de 3 m/min e uma corrente de 250 amperes, a composição do Fe muda consideravelmente, o que melhora as propriedades mecânicas (resistência à tração e microdureza) quando a carga de tração é aplicada a 162 MPa.

7) A partir da microscopia, observou-se que a ZTA tem um grão mais fino e uma fase austenítica interdendrítica a uma velocidade de fio de 3 m/min e uma corrente de 250 amperes, o que permite aumentar a microdureza e a resistência à tração.

Referências

[1]   Fórum Internacional do Aço Inoxidável Rue Colonel Bourg 120 B-1140 Bruxelas Bélgica. Aplicações do aço inoxidável - Aeroespacial. [2007], p.p. 1-2

[2]   R.S. Parmar, "Gas metal arc welding", welding process technology, [2005], p.p. 227-249.

[3]   A.Di. Schino, J.M. Kenny, M.G. Mecozzi, M. Barteri, J. Material Science, [2000], Vol.35, p.p. 4803.

[4]   MP Nascimento, RC Souza, WL Pigatin, HJC Voorwald, "Efeitos de tratamentos superficiais na resistência à fadiga do aço aeronáutico AISI 4340 "J Fatigue,[2001], p.p.607-618.

[5]   Y. Lin, Y. Wenyu, J Hongping, W. Zhiguang, "Microstructure Changes of Machined Surfaces on Austenitic 304 Stainless Steel", Material science, engineering and technology [2011], vol.81, p.p.823-827.

[6]   P. Humprehys, "Recristalização e fenómenos relacionados" [1999].

[7]   K. Sindo, W. John & Sons "Welding Metallurgy", [2003].

[8]   Manual de Soldadura, Oitava Edição "Processos de Soldadura", Volume 2, American Welding Society, [1991], Cap.4.

[9]   S. Kaewkuekool, B.amornsir, " A Study of Parameters Affecting to Mechanical Property of Dissimilar Welding between Stainless Steel (AISI 304) and Low Carbon Steel", Material science, [2008], p.p.105-109.

[10]   K. Sindo, "Welding Metallurgy", Inc, [2003].

[11]   Welding Handbook, Nona Edição, "Welding processes", Volume 2, American Welding Society, [1991], Cap.4.

[12]   ASM Handbook Volume 6, "Welding, Brazing and Soldering", [1993].

[13]   . G. Bregliozzi, A.D. Schinob, J.M. Kennyb, H. Haefkea, "The influence of atmospheric humidade e tamanho do grão no atrito e desgaste do aço inoxidável austenítico AISI 304", Materials Science and Technology [2003] , vol. 44, p.p. 4505- 4508.

[14]   N. Arivazhagan, S. Surendra, P. Satya, G.M. Reddy, "Investigação sobre juntas dissimilares de aço inoxidável austenítico AISI 304 e aço de baixa liga AISI 4140 por arco de tungsténio gasoso, feixe de electrões e soldadura por fricção", Material and Design[2011], vol.32, p.p.3036-3050.

[15]   T.kursun, "Effect of the GMAW and the GMAW-P welding process of microstructure, hardness, tensile and impact strength of AISI 1030 steel joints fabrication by ASP316 austenitic steel filler

metal", Metallurgy and materials[2011], vol.56, p.p.156-160.

[16] MP. Nascimento, RC. Souza, WL. Pigatina, HJC. Voorwald," Efeitos de tratamentos de superfície

sobre a resistência à fadiga do aço AISI 4340",[2001] ,vol.23, p.p. 607-618

[17] J.Lozano, P.Moreda, C.L. Llorente and P.D. Bilmes," Fusion characteristics of austenitic stainless steel GMAW weld", Sam notes,[2003], vol.33, pp.27-31.

[18] B.amornsin, " A Study of Parameters Affecting to Mechanical Property of Dissimilar Welding between Stainless Steel (AISI 310) and Low Carbon Steel", Material science, [2009], p.p.105-109.

[19] S. Manoj, S. Dharminder, D. Dharampal, "Parametric Optimization of Gas Metal Arc Welding Processes by Using Fatorial Design Approach", Minerals and materials characterization& Engineering, [2010], p.p.353-363.

[20] B. Messer, V. Oprea, A. Wright, "Melhores práticas de soldadura de aço inoxidável Duplex", [2010].

[21] A. Hakan, "Prediction of gas metal arc welding parameters based on artificial neural networks", Material and Design, [2007], vol.28, p.p.2015-2023.

[22] D.T. Thao, J.W. Jeong, I.S. Kim, J.W.H.J. Kim, "Predicting Lap-Joint bead geo- metry in GMA welding process", Material Science And Engineering, [2008], vol.32, p.p.121-124.

[23] M. Zandrahimi, M. Reza bateni, A. Poladi, J. A. Szpunar, "The form- ation of marten site during wear of AISI 304 stainless steel", [2007], vol.263, p.p. 674-678.

[24] L. Andres, G. Fuentes, S. Rafael, C. Leiry and A. V Rosario, "Crack growth study of dissimilar steels (Stainless - Structural) butt welded unions under cyclic loads" procedea, [2011], vol.10, p.p.1917-1923.

[25] S. P. Tewari , G. Ankur, P. Jyoti, "Effect of welding parameter on the weld ability of material", [2010], vol.2, p.p.512-516.

[26] E. Karadeniz, I. Ozsarac, Y. Ceyhan, "The effect of process parameters on penetration in gas metal arc welding process", Material Design, [2007], vol.28, p.p.649-656.

[27] S. Zielinka, F. Valensi, N. Pellerin, S. Pellerin, K. Musiol, Ch. deIzarra, F. Briand, "Micro structural analysis of the anode in gas metal arc welding (GMAW)", journal of materials processing technology, [2009], vol.209, p.p. 3581-3591

[28] H.R. Ghazvinloo1, A. Honarbakhsh-Raoufl e N.Shadfar "Effect of arc voltage, welding current and welding speed on fatigue life, impact energy and bead penetration of AA6061 joints produced by robotic MIG welding", Indian Journal of Science and Technology, [2010], Vol. 3,

No. 2, p.p-156-162.

[29] J. Lozano, P. Moreda, C. L. Llorente and P. D. Bilmes "Fusion characteristics of austenitic stainless steel gmaw welds", Latin American applied research, [2003].

[30] Ghosh, S. Chattopadhyaya , P.K. Sarkar, "Effects Of Input Parameters On Weld Bead Geometry Of Saw Process", International Conference on Mechanical Engineering, [2007], p.p 29- 31.

[31] P. Sathiya, S. Aravindan, P.M. Ajith, B. Arivazhagan, A. haq Noorul" Micro structural characteristics on bead on plate welding of AISI 904 L super austenitic stainless steel using Gas metal arc welding process", Engineering Science and Technology, [2010], Vol. 2, No. 6, p.p. 189-199.

[32] Ericsson, M. and R. Sandstorm, "Influence of welding speed on the fatigue of friction stir welds, and comparison with MIG and TIG", International Journal of Fatigue, [2003], Vol. 25, p.p. 1379-1387.

[33] Ghosh, S. Chattopadhyaya, P.K. Sarkar, "Effects Of Input Parameters On Weld Bead Geometry of Saw Process", International Conference on Mechanical Engineering, [2007], p.p. 29- 31.

[34] G. Bregliozzi, A.Di Schinob. J.M. Kennyb, H.Haefkea, "The influence of atmospheric humidity and grain size on the friction and wear of AISI 304 austenitic stainless steel", Materials Science and Technology, [2003] , Vol.44, p.p. 4505- 4508.

[35] B. Arivazhagan, A. H. Noorul , "Micro structural characteristics on bead on plate welding of AISI 304 austenitic stainless steel using Gas metal arc welding process", Engineering Science and Technology, [2010], Vol. 2, No. 6, p.p. 202-210.

[35] K. Murti, S. Sundarsean, "Thermal behavior of Austenitic-Ferritic transition joints made by friction welding", Weld, [1985], Vol.64, No.12, p.p.327-334.

[36] M.C. Pherson, T.N. Baker, "Microestrutura e propriedades de materiais   inoxidáveis duplex soldados

aço", Science Technology Weld Joint, [2000], vol.5, No.4, p.p. 235-244.

[37] A. Hascalik, E. Unal, N.Ozdemir, "Fatigue behaviour of AISI 304 steel to AISI 4340 steel weld by friction welding", Material Science, [2006], Vol.41, p.p.3233

-3239.

[38] J. Tueka, M. Suban e k. atel, "Experimental research of the effect of hydrogen in argon as a shielding gas in arc welding of high-alloy stainless steel", international Journal of Hydrogen Energy, [2000], vol.25, p.p. 369-376.

[39] J. M. Paulo, "TIG welding with single- component fluxes",Material Processing Technology, [2003], vol. 99, p.p. 260-265.

[40]   H. Naffakh, M. Shamanian e F. Ashrafizadeh, "Interface and Heat affected Zone Features of Dissimilar Welds between AISI 310 Austenitic Stainless Steel and Inconel 657", International Journal of ISSI, [2008], Vol.5, No. 1, p.p. 22-30.

[41]   F. Bonollo, A. T. Tiziani,. R. Volpone,[2005], Welding International, Vol. 18, p.p. 24-30.